多尺度环境影响分析理论与实践

高成康　董家华　陈宗娇　等编著

Theory and Practice of
Multi-scale Environmental Impact Analysis

化学工业出版社

·北京·

内容简介

本书内容包括绪论、总物质流分析、典型元素流分析、环境负荷及生态风险评价、环境负荷对策分析及预警措施几部分，以物质流和元素流的分析方法为基础，介绍了该方法在分析具体典型案例中的实际应用，并针对具体案例提出了相应的解决对策，为指导改善生态环境提供了理论支撑，旨在运用工业生态学的基础方法，结合实际案例，为解决生态环境问题提供理论指导、技术支持和案例借鉴。

本书注重理论分析与实践结合，具有较强的应用性和针对性，可供环境、冶金、化工、生态等领域的工程技术人员、科研人员和管理人员参考，也供高等学校环境科学与工程、生态工程及相关专业师生参阅。

图书在版编目（CIP）数据

多尺度环境影响分析理论与实践/高成康等编著．—北京：化学工业出版社，2022.11

ISBN 978-7-122-42443-3

Ⅰ.①多… Ⅱ.①高… Ⅲ.①环境影响-评价-研究

Ⅳ.①X820.3

中国版本图书馆 CIP 数据核字（2022）第 201114 号

责任编辑：刘兴春　刘　婧　　　　　　　　　装帧设计：史利平
责任校对：边　涛

出版发行：化学工业出版社（北京市东城区青年湖南街 13 号　邮政编码 100011）
印　　装：北京天宇星印刷厂
710mm×1000mm　1/16　印张 13　彩插 2　字数 228 千字　　2023 年 6 月北京第 1 版第 1 次印刷

购书咨询：010-64518888
售后服务：010-64518899
网　　址：http://www.cip.com.cn
凡购买本书，如有缺损质量问题，本社销售中心负责调换。

定　　价：85.00 元　　　　　　　　　　　　　　　　版权所有　违者必究

《多尺度环境影响分析理论与实践》
编著人员名单

编著者（按汉语拼音排序）：

安　静　曹　磊　陈宗娇　董家华　杜　涛　高成博
高成康　李红梅　李　娜　柳　林　田　国　由　焕
余　猛　魏子乾　吴　凡　朱素龙

前言

　　生态环境是支撑生态文明和美丽中国建设的基本前提，为贯彻落实新发展理念、充分考虑新发展阶段要求、科学谋划新思路提供了必需的资源和条件。随着我国经济的高质量发展，环境问题成为一个不可回避的重要问题。习近平总书记始终心系生态文明建设和生态环境保护，在赴各地考察和出席国内外重要会议时做出了一系列重要批示，一贯强调"绿水青山就是金山银山"的理念。

　　物质流分析方法是工业生态学领域中重要的研究工具，为生态环境问题的识别和生态环境对策的制定提供理论支撑。本书综合笔者多年来在该领域的研究成果，系统地阐述了物质代谢的发展、物质流分析的发展背景与现状、物质代谢引起的水环境生态负荷问题、物质代谢研究的比较优势和制约因素等内容，介绍了物质流的分析与核算以及物质流的模型仿真技术，并采用系统动力学模型以典型省市为案例进行了分析；采用元素流分析方法，展现了我国社会磷代谢的时空特征和以广州市为例的食品链的氮磷元素流分析，以及省级层面氮磷硫元素代谢分析；构建了案例城市物质代谢的环境负荷并对其生态环境风险进行了分析和评价；最后，对环境负荷问题进行了对策分析，并提出了预警措施。全书主要包括绪论、总物质流分析、典型元素流分析、环境负荷及生态风险评价、环境负荷对策分析及预警措施几部分，基本涵盖了国家层面、行业层面、省级层面的物质流与元素流分析，提出了解决相应生态环境问题的对策。本书结合具体案例的研究，目的是增强读者对应用物质流分析环境问题的理解等。

　　本书共 10 章，由高成康、董家华、陈宗娇等编著，具体分工如下：第 1 章由朱素龙、高成博编著；第 2 章由由焕、高成康编著；第 3 章由由焕、李红梅编著；第 4 章由田国、董家华编著；第 5 章、第 6 章由柳林、陈宗娇编著；第 7 章由余猛、李娜编著；第 8 章由安静、曹磊编著，第 9 章由余猛、吴凡编著；第 10 章由余猛、高成康、魏子乾编著。全书最后由高成康、董家华、陈宗娇统稿并定稿。本书是参与相关研究项目中的各位老师和同学集体智慧的结晶，对大家的辛苦付出深表感谢。感谢东北大学杜涛教授为本书提供的宝贵建议和完成各章编著的师生、科研人员。感谢化学工业出版社对本书出版的大力支持。另外，本书参考了部分国内外学者的论著以及同行的劳动成果，向所有参考文献的作者致以诚挚谢意。

本书由国家自然科学基金（41871212）和中央高校重点科学研究引导项目（N2025008)资金资助，在此表示感谢。

限于编著者水平及编著时间，书中难免有不足和疏漏之处，敬请读者不吝批评、赐教。

编著者
2022 年 6 月

目录

第 1 章 绪论 //001

1.1 物质代谢的发展 //001

1.2 物质流分析的发展背景与现状 //003

　　1.2.1 总物质流 //003

　　1.2.2 氮、硫、磷等元素物质流 //005

1.3 物质代谢引起的水环境生态负荷问题 //008

　　1.3.1 国内水环境风险研究的发展 //009

　　1.3.2 国外水环境风险研究的发展 //010

1.4 物质代谢研究的比较优势和制约因素 //012

　　1.4.1 制约因素 //012

　　1.4.2 研究展望 //013

参考文献 //013

019 》 第一篇　总物质流分析

第 2 章 物质流分析与核算 //020

2.1 物质流分析框架 //020

2.2 物质流分析评价指标 //021

2.3 物质流核算：以广东省为例 //023

　　2.3.1 广东省概况 //024

　　2.3.2 数据来源与处理 //025

　　2.3.3 物质流核算 //026

参考文献 //039

第 3 章 物质流的模型仿真技术 //040

3.1 系统动力学简介 //040
　3.1.1 系动力学概念及模型特点 //040
　3.1.2 系统动力学模型的基本要素 //040
　3.1.3 系统动力学的建模步骤 //042

3.2 MFA-SD 模型理论及建构 //042
　3.2.1 MFA-SD 模型指标的选取 //043
　3.2.2 MFA-SD 模型的构建 //047
　3.2.3 模型子系统的构建 //048

3.3 基于 MFA-SD 模型的循环经济评价分析 //058
　3.3.1 模型检验 //058
　3.3.2 模型仿真方案设计与分析 //060
　3.3.3 模型的模拟与调控 //061
　3.3.4 广东省循环经济发展政策性建议 //072

参考文献 //074

075 》 第二篇　典型元素流分析

第4章　我国社会磷代谢的时空特征 //076

4.1 空间边界与时间边界的选取 //076
　4.1.1 空间边界 //077
　4.1.2 时间边界 //077

4.2 磷元素在社会经济系统的流动 //078

4.3 时间特征 //079
　4.3.1 磷化工工业系统 //079
　4.3.2 农业种植系统 //080
　4.3.3 城市居民生活系统 //082
　4.3.4 农村居民生活系统 //084
　4.3.5 规模养殖系统 //086
　4.3.6 家庭饲养系统 //088

4.4 空间特征 //089
　4.4.1 磷化工工业系统 //089
　4.4.2 农业种植系统 //092
　4.4.3 规模化养殖系统 //094

参考文献　//096

第5章　食品链的氮、磷元素流分析:以广州市
**　　　　为例　//097**

5.1　食品链氮、磷流代谢结构与特征　//098

　　5.1.1　能源代谢特征　//098

　　5.1.2　数据来源与处理　//099

5.2　农业种植业　//100

5.3　规模化畜禽养殖、非规模化畜禽养殖　//102

5.4　城镇和农村居民生活　//103

5.5　食品加工部门　//106

参考文献　//108

第6章　省级层面氮、硫、磷元素代谢分析　//109

6.1　辽宁省概况　//109

6.2　氮、磷、硫代谢分析方法　//111

　　6.2.1　元素代谢系统边界　//111

　　6.2.2　元素代谢系统框架　//111

　　6.2.3　元素代谢途径　//111

　　6.2.4　元素代谢拓扑结构　//112

　　6.2.5　量化分析模型　//114

6.3　辽宁省氮元素代谢分析　//120

　　6.3.1　辽宁省工业系统氮元素代谢分析　//120

　　6.3.2　辽宁省农业系统氮元素代谢分析　//123

　　6.3.3　辽宁省居民生活系统氮元素代谢分析　//124

6.4　辽宁省磷元素代谢分析　//125

　　6.4.1　辽宁省工业系统磷元素代谢分析　//125

　　6.4.2　辽宁省农业系统磷元素代谢分析　//127

　　6.4.3　辽宁省居民生活系统磷元素代谢分析　//129

6.5　辽宁省硫元素代谢分析　//130

　　6.5.1　辽宁省工业系统硫元素代谢分析　//130

　　6.5.2　辽宁省居民生活系统硫元素代谢分析　//131

参考文献　//132

135 》 第三篇　环境负荷及水环境风险评价

第 7 章　物质代谢的环境负荷分析　//136
7.1　物质代谢结构与通量分析　//136
7.2　物质代谢的水体环境负荷　//140
7.3　物质代谢的大气环境负荷　//141
7.4　物质代谢的土壤环境负荷　//143
参考文献　//144

第 8 章　物质代谢的水环境风险评价　//145
8.1　"深圳国际低碳城"发展概况　//145
　8.1.1　地理位置及规划分区　//145
　8.1.2　经济发展状况　//146
　8.1.3　产业结构　//146
　8.1.4　水资源状况　//147

8.2　"深圳国际低碳城"水环境现状　//148
　8.2.1　龙岗河　//149
　8.2.2　丁山河　//150
　8.2.3　枕梓河　//152

8.3　水环境风险评价方法　//154
　8.3.1　风险源识别与受体分析　//154
　8.3.2　评价指标体系的构建　//155
　8.3.3　评价指标分级标准　//156
　8.3.4　评价指标权重的确定　//157
　8.3.5　模糊综合评价法　//159

8.4　水环境风险评价结果　//162
参考文献　//163

165 》 第四篇　环境负荷对策分析及预警措施

第 9 章　物质代谢环境负荷的模拟评估及对策　//166
9.1　典型行业环境控制对策模拟评估　//166
9.2　流入地表水体磷元素调控措施的模拟分析　//168
　9.2.1　预测方法的选择　//168

9.2.2 基于 BP 神经网络预测流入水体磷流量 //169

9.3 环境控制对策 //176

9.3.1 水环境负荷控制对策 //177

9.3.2 大气环境负荷控制对策 //178

9.3.3 土壤环境负荷控制对策 //179

参考文献 //180

第 10 章 降低物质代谢水环境风险的预警模拟及措施建议 //181

10.1 河流污染物扩散模型 //181

10.1.1 污染物的运动特征 //181

10.1.2 基本模型的推导求解 //183

10.2 水环境风险预警模型建立方法 //185

10.2.1 水质模型建立方法描述 //185

10.2.2 模型假设 //186

10.2.3 模型参数估计 //186

10.2.4 GIS 与数学模型结合 //188

10.3 模型预测及结果分析 //190

10.3.1 瞬时源 //190

10.3.2 稳定源 //195

10.4 风险预警建议和措施 //197

参考文献 //198

第1章

绪论

▶▶

1.1 物质代谢的发展

1857 年荷兰的庸俗唯物主义者 Jarob Moleschot 在其著作《生命的循环》中首次提出"物质代谢"（material metabolism）的概念，Jarob Moleschot 认为生命是一种代谢现象，是生命所需的物质、能量及其生命体栖息环境的交换过程。之后，代谢理论逐渐分化出生命代谢和生态代谢两个重要分支。在生物化学研究中，生命代谢的概念是营养物质在细胞、器官以及有机体之间的转化；而生态代谢的概念是生态系统中物质循环、能量流动、营养级转化、物种的生死及迁移等一系列功能的转化过程。

此后，"物质代谢"的概念在生态学、社会学、经济学、哲学等各个领域逐渐得到应用，在 1995 年于美国召开的名为"人类在改变地球命运过程中的作用"的学术会议上，学者们对社会经济发展的物质基础进行了探讨。美国经济学家波尔丁在 1966 年出版的著作《宇宙飞船经济学》催生了生态学与经济学的交叉学科——生态经济学，吸引了众多专家学者对社会经济系统和环境系统之间的联系进行研究，其中包括能量流动、物质循环、价值转化等。R U Ayres 和 A V Kneese 于 1969 年首次分析了美国 1963～1965 年的物质流，开创了社会经济系统物质代谢的研究先例。Ayres 于 1988 年首次提出产业代谢的概念，随后 Gallopoulos 等在此基础上从生态系统的角度进一步提出"工业生态系统"和"工业生态学"的概念，这是物质代谢概念在产业系统中得到应用与发展的标志。在 20 世纪 90 年代，产业生态学的建立与发展为物质代谢研究方法和成果应用提供了切实的理论依据，从而进一步促进了现代物质代谢分析技术的发展与繁荣，使人们更加深刻地认识到物质经济运行的本质规律及其对自然生态产生的重要影响。目前，在世界范围内进行工业代谢研究的国家主要集中在少数发达国家，例如美国、德国、荷兰、加拿大、日本、瑞典等。我国开始工业代谢的研究时间稍晚，在 20 世纪 90 年代末才刚刚开始起步。近年来国内学者对资源流、物质流方法与内容的研究推动了物质代谢的理论发展。

物质代谢发展至今已有 160 余年的历史，然而关于物质代谢的定义尚无统一之说。一般认为物质代谢是针对特定的主体而言，指物质在代谢主体内部和物质与外界环境之间的一系列物理、生物、化学过程的集合。其中，代谢主体指的是完成物质代谢过程的功能单元，从范围上来看主要包括细胞、单个有机体直至生态系统、产业系统、人类社会经济系统及地球系统等。从不同的科学角度来看，物质代谢的内涵也大相径庭，本书主要从社会经济系统的角度来介绍物质代谢的内涵。

从社会经济系统的角度来看，物质代谢是指人类社会物质生产和消费的过程，由资源开采、加工制造、产品消费、循环利用以及废物处置五个关键环节组成。社会经济系统内的物质代谢过程是从自然界中获取自然资源，经过加工制造过程成为相应的产品，随后产品被系统主体消耗，在消耗过程中产生废弃物，一部分被释放回自然界，另一部分则被循环利用。

社会经济系统内的物质代谢过程如图 1-1 所示。

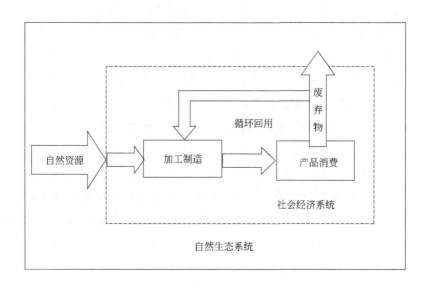

图 1-1　社会经济系统内物质代谢过程

社会经济系统中的物质代谢是人类与自然界最基本的交流界面与沟通形式。简而言之，进入社会经济系统内的物质和资源的数量与质量，以及从社会经济系统输出的废弃物和产品的数量与质量，在很大程度上决定了人类活动对其生存或依赖的环境所产生的影响。从社会经济系统中输出的废弃物是人类对环境的影响，而产品则是自然环境对人类的贡献。由此看出，社会经济系统的物质代谢包含两个特征：

① 自然环境与人类社会之间存在连续不断的物质输入与输出过程；

② 人类社会通过资源开采等方式从自然环境中得到能源、物质等原材料，一部分以存量的形式在社会经济系统中储存，另一部分以废弃物的形式排放到自然环境中。

从本质上看，社会经济系统的物质代谢可归结为人类改造自然过程中社会经济系统的内部物质消耗，以及社会经济系统与外界环境之间的能量和物质交换过程的集合，起到维持社会经济系统功能的作用。

1.2 物质流分析的发展背景与现状

1.2.1 总物质流

物质流分析指的是在一定的时空范围内对特定物质的流动和储存进行系统的分析，主要涉及物质流动的源、路径和汇。根据质量守恒定律，物质流分析的结果总是能通过其所有的输入、储存以及输出过程来达到最终的平衡。

物质流分析根据研究对象的不同可分为整体物质流分析（bulk-MFA）和特定物质流分析（SFA）两种。其中整体物质流分析又称为经济系统总物质流分析，该物质流分析方法分为三个层次，分别是国家、区域和具体企业。

总物质流分析方法主要研究特定经济部门或区域的物质流数量和结构是否可持续。其分析过程是从实物的质量出发，通过分析自然资源和物质的开采、生产、转移、消耗、循环、废弃等过程，发现各种资源和不同行业的物质、能量流动的方式和效率，揭示物质在特定区域内的流动特征和转化效率，找出环境压力的直接来源；并以此为基础，制定与物质循环利用和产业发展相关的政策；最终为区域产业结构的调整、循环经济模式的选择、可持续发展目标的确定提供良好依据。

1.2.1.1 国外物质流分析应用状况

20 世纪 30 年代，美国著名经济学家 Leontief 针对美国物质流状况，在经济学领域推出了投入-产出平衡表，通过该表可以看出美国经济系统物质流的存量和流量。1965 年，美国水处理专家沃尔曼将城市作为研究对象分析物质流与城市环境之间的内在联系，由此将物质代谢扩展至城市领域。1969 年，R U Ayres 和 A V Kneese 首次对美国 1963～1965 年的物质流进行分析，开创了社会经济系统物质代谢的研究先例。20 世纪 90 年代初，德国环境与能源研究所提出了物质流账户体系，并创造了物质流核算中的新名词——隐藏流（hidden flow，HF）。与此同时，奥地利、意大利、芬兰、英国、日本、丹麦、瑞典等国家首先应用物质流分析方法对各自国家经济系统的自然资源和物质循环状况进行了具体分析，进而推动了物质流分析方法在世界范围内的广泛应用。

世界资源研究所于 1997 年完成了"工业经济的物质基础"研究报告，对奥地利、德国、日本、荷兰和美国经济系统的物质流动状况进行了全面的分析。2001 年，欧盟统计局为国家层面上的物质流分析制定了一个比较全面的方法指南，以指导物质流分析研究的开展，并且运用物质流分析方法对欧盟 15 个国家的物质流输入进行了分析。为了节约资源、保护生态环境、推进循环经济的发展，日本在建立循环经济法律体系的基础上明确制定出循环型社会推进计划，2001～2005 年连续 5 年都采用物质流分析方法，在《循环型社会白皮书》中对当年度日本的物质收支平衡情况进行了分析评价，并根据分析结果制定了具体的发展目标和资源生产率、循环利用率及最终处置量 3 个主要指标。日本的实践经验表明，MFA 方法所核算出来的一些重要指标［尤其是将"3R"（reduce，reuse，recycle）定量化的指标］是制定社会循环经济发展目标的重要理论依据。2002 年，Mark Hammer 和 Klaus Hubacek 对匈牙利 1993～1997 年间整体经济情况进行物质流分析，并引用物质流核算引申出的直接物质输入（DMI）和总物质输入（TMR）作为循环经济发展的测评指标。2004 年，Binder 运用物质流分析对瑞士的 AR 地区木材从森林到木材加工再到消费的整个流动过程进行了量化分析。目前已经建立物质流账户的国家有美国、丹麦、德国、意大利、荷兰、日本和爱尔兰等，这些国家已经通过建立的物质流账户及其衍生指标为国家相关政策的制定提供服务。

总之，在国外，物质流分析方法研究较多地应用于区域循环经济、产业或部门层面，微观层面的企业和家庭的物质流研究目前也开始引起关注。

1.2.1.2 我国物质流应用状况

物质流分析的概念和方法在 2000 年引入我国，目前仍处于起步阶段。

在研究方法上，国家范围内的物质流分析基本沿用欧盟分析框架，而区域范围内的物质流分析多采用区域生态效率和强度评价指标体系框架；在分析模型上利用基本环境压力方程分析物质输入、输出对环境造成的影响。

近几年，物质流分析在我国得到了一定程度的应用，这些已有的研究成果大多数以国家经济系统为研究对象，并对整个经济系统物质流的输入和输出进行核算和分析，区域层面产业部门、特定区域层面的物质流分析也得到了学者专家们的广泛关注。北京大学运用物质流分析方法对 1985～1997 年间输入到我国经济系统的物质流进行了核算，计算得出上述 13 年间物质需求总量、物质消耗强度和物质生产力等分析指标，研究结果表明：我国社会经济的高速发展是以资源的大量消耗和生态环境的严重破坏为代价的，并提出以我国当前的物质生产力为起始点，到 2025 年和 2050 年将资源利用效率分别提高 4 倍和 10 倍的中、长期目标。

陆钟武教授对 IPAT 方程（环境负荷方程，I 指环境负荷，可以具体指污染排放量；P 指人口数量；A 指人均 GDP；T 指单位 GDP 的环境负荷）以及派生出来的公式进行了全方位的研究，认为单位 GDP 环境负荷年下降率（t）与 GDP 年增长率（g）二者的合理匹配，是建设资源节约型、环境友好型社会的关键所在。王奇等根据经济系统内部物质流动的基本特征，建立了封闭和开放的经济系统的物质流总量模型，基于物质流总量模型构建出循环经济的评价指标：循环指数 I_1 和循环指数 I_2，并利用这两个指标分别对 1987 年和 2000 年日本的物质流动状况进行了全面的分析评价。

段宁等运用物质流分析法，在欧盟 MFA 指标体系的基础上增加了资源循环利用新指标，核算出 1995～2005 年我国经济系统物质总投入和环境影响数据，结果表明：由于直接物质投入量中的资源投入结构发生了巨大变化，导致工业固体废弃物的排放量不断增长，资源生产率出现下降趋势，2005 年我国资源循环利用率首次突破 5%，但总体仍低于世界平均水平；并指出了 MFA 方法存在的不足之处。

1.2.2 氮、硫、磷等元素物质流

当物质代谢分析对象为单一物质或特定元素（例如氮、磷、硫、铝等）时，也可以称之为元素代谢分析，目前元素周期表中约有 95 种元素在不同尺度上进行了元素代谢分析，其中大多数元素为金属元素。

由于人们对含氮、磷、硫元素物质的需求量与日俱增，同时三种元素

造成的环境负荷日渐加重。水体污染尤其是水体富营养化问题与氮、磷元素过量排入水体密不可分；而大气污染、酸雨、光化学烟雾等一系列环境问题都与氮、硫元素的过度排放有关。研究表明，这三种非金属元素产生巨大的资源环境负荷，造成相关资源、能源面临枯竭的危险，引起大气环境、水环境以及土壤环境严重恶化，进而对人类身心健康产生有害影响。

本书以这三种元素为例进行元素代谢分析。

1.2.2.1　氮元素代谢研究

随着氮元素引起的环境负荷逐步加重，人们开始运用物质代谢理论研究氮元素在各个层次的流动路径及流动特点，尝试找到减轻环境负荷的方法和途径。氮代谢分析已成为物质代谢研究领域的研究热点之一。

王激清等借助物质流分析方法，以氮素养分为介质建立我国农田生态系统氮素平衡模型，估算了 2004 年我国不同地区的氮养分输入输出以及养分盈余，并分析了养分产生的环境效应。

冼超凡等在阐述城市氮代谢内涵、研究背景的基础上，介绍了运用物质流分析方法研究城市氮代谢的进展，分析了系统动态模型在城市氮代谢模拟研究中的应用前景，并探讨了未来城市氮代谢研究的趋势与发展方向，同时为研究其他元素城市代谢提供了参考。

从食品消费的角度出发，于洋等探讨了城市尺度的氮素消费变化、流动特征，定量分析了 1988～2009 年厦门市食品氮素消费的动态变化，并研究了氮素消费变化对生态环境所产生的不利影响。研究显示，厦门市氮素利用效率偏低，约 90% 的氮素排入水体和土壤。

武娟妮等将 MFA 分析法和 SFA 分析法相结合，研究了一套完整的适用于工业园区的氮物质代谢分析方法，并将此方法运用到江苏宜兴开发区，探讨区内产业系统和污水处理系统的氮代谢途径和通量，并为出现的环境负荷提供了合理的措施建议。

基于太湖流域水体严重的富营养化问题，王丹等运用物质代谢方法，研究了常熟市辛庄镇农田生产-畜禽养殖系统的氮素流动特征，并针对辛庄镇出现的环境问题提出了合理的建议措施。研究表明，辛庄镇的氮素利用水平低于全国平均水平；氮素环境损失率较高，其中超过 50% 的氮损失进入水体。

此外，美国、日本、韩国、巴西、新西兰等国家的专家、学者从不同角度、不同空间尺度研究了氮元素在系统内的循环流动，探索了氮元素的源汇过程、消耗机制、环境负荷及其相应的控制措施等。

1.2.2.2 磷元素代谢研究

相比于氮元素、硫元素的代谢分析，磷元素的代谢分析研究已有很多；无论国内还是国外，人们已经开展了全球、国家、区域、城市、生产部门等各个层面的磷物质代谢分析研究，并取得了较为深入的理论成果。

在全球尺度上，最早研究磷物质代谢的是曼尼托巴大学的 Smil 教授；他分别研究了磷的自然循环和磷的人为循环。研究表明，2000 年，全球磷的自然循环代谢强度仅为人为循环的 1/3，人为活动对磷的循环过程有很大影响。

基于工业生产的角度，Villalba 等定量量化了全球磷元素流动，发现磷元素主要以磷矿石的形式输入经济系统，80％的磷矿石用于生产磷酸，磷元素的最终归宿是水体、空气、土壤。

在国家尺度上，Bing Li 等运用物质流分析方法，构建了新西兰磷流动模型，并应用主成分分析方法，将新西兰的磷流动与其他国家进行对比分析。结果表明，新西兰磷元素输入主要依赖于进口，磷元素的利用效率远低于其他国家。

在国内，刘毅从水体富营养化问题出发，建立了我国国家层面静态磷物质流分析模型，识别磷资源代谢体系的结构特征及其发展演进趋势，提出了我国水体富营养化的控制机理和主要原则，构建了磷控制体系的基本框架。

在城市尺度上，Kalmykova 等研究了城市磷元素的流动途径和管理，强调开展城市尺度磷流动的重要性；指出废水并不是回收磷元素的唯一来源，固体废物中的含磷量和废水中的含磷量大致相等。

乔敏等借助物质流分析方法，构建了城市静态磷代谢模型，并将此模型运用到北京市和天津市，探讨城市磷元素的流量和存量。研究表明，北京市和天津市的磷元素存量相当高；分别占各自磷输入量的72％和64％。

在行业尺度上，Jeong 等从韩国磷资源短缺着手，探讨了磷元素在韩国钢铁行业内部的流动，并针对磷元素的损失提出了合理的建议措施。研究表明，韩国钢铁行业每年消耗 380 万吨磷，约 10％的磷元素损失在钢渣中。

1.2.2.3 硫元素代谢研究

相比于氮元素、磷元素的代谢分析，硫元素的代谢分析研究还不是很多。但是，硫元素引起的环境负荷却相当严重。因此，开展不同层次的硫代谢分析研究，有利于从源头减轻硫元素引起的环境负荷，具有一定的理论意义和实际应用价值。

Tian 等运用 SFA 方法，研究了硫元素在浙江省杭州湾上虞工业园区内的流动特征、利用效率以及相关的环境影响。针对园区内硫元素利用效率较低的现象，提出了诸如改进合成染料技术、浓缩/回收废硫酸等提高硫元素利用效率的方法，并探讨了这些方法广泛应用的主要障碍。

结合山东省鲁北生态工业园的结构和功能属性，张研等研究分析了硫代谢过程复杂的内部结构特征，构建了硫代谢网络模型，识别了网络模型中的关键节点、外围节点以及关键路径，为工业园区的绿色发展指明了方向。

刘淼等在总结前人对草地生态系统中大气硫库、土壤硫库、植物硫库研究的基础上，研究了硫元素在各个储存库之间及其内部的定量迁移和转化机制，从而探索了硫元素在草地生态系统中的循环规律和特征，为该领域后续研究提供了方向。

以某钢铁联合企业为例，赵扬分析了该企业在实施清洁生产审核中的硫元素代谢过程，研究了硫元素在钢铁生产过程中的产生、分布、迁移以及排放规律，确定了二氧化硫的主要污染环节，为有针对性地提出二氧化硫减排措施提供了科学依据。

1.3 物质代谢引起的水环境生态负荷问题 _____

风险一般指遭受损失，损伤或毁坏的可能性。它存在于人的一切活动中，不同的活动会带来不同性质的风险，如经常遇到的灾害风险、事故风险、金融风险、环境风险等。

水环境风险评价是生态环境风险评价的重要组成部分，从不同角度理解可以有不同的定义。从河流系统整体考虑，水环境风险评价是研究一种或多种压力形成或可能形成不利生态效应可能性的过程，也可以是主要评价干扰对水环境系统产生不利影响的概率以及干扰作用的效果。从评价对象考虑，水环境风险评价可以重点从评价污染物排放、自然灾害及环境变迁等环境事件对河流系统产生不利作用的大小和概率上进行，也可以从主要评价水体中的污染物含量超标概率和危害上进行。从方法学角度来看，水环境风险评价可以被视为一种解决环境问题的实践和哲学方法，或被看作收集、整理、表达科学信息以服务于管理决策的过程。

1.3.1 国内水环境风险研究的发展

我国水环境风险评价起步较晚，迄今为止还没有国家权威机构发布的诸如生态风险评价技术指南的指导性文件。从20世纪90年代以来，我国学者在介绍和引入国外生态风险评价研究成果的同时，在水环境生态风险评价、重金属沉积物的生态风险评价、区域生态风险评价、农田系统与转基因作物、生物安全以及项目工程等领域的生态风险评价理论基础和技术方面进行了一些研究和探讨。这些研究表明我国的生态风险评价经历了从环境风险到生态风险再到区域生态风险评价的发展历程，同时风险源由单一风险源扩展到多风险源，风险受体由单一受体发展到多受体，评价范围也由局地扩展到区域景观水平。

国内众多学者在水环境生态风险评价方面展开了研究，如殷浩文提出水环境生态风险评价的程序基本可分为源分析、受体评价、暴露评价、危害评价和风险表征5部分。许学工等提出了区域生态风险评价五步法，即研究区的界定与分析、受体分析、风险源分析、暴露与危害分析以及风险综合评价。其中，危害评价是水环境生态风险评价的核心，重点是建立污染物浓度与水环境效应之间的关联，常用的方法有商值法和暴露-反应法、数学模型法、景观分析法等。胡国华等提出了量化影响河流水质的随机不确定性与灰色不确定性的水质超标灰色随机风险率概念，建立了水质超标灰色随机风险率评价模型。在水质单项参数评价模型中，将河流污染物浓度变量的分布处理成灰色概率分布，将污染物浓度超过水质类别标准值的风险率处理成灰色概率，即水质超标灰色随机风险率，最后将该方法应用于黄河花园口断面重金属污染风险评价。在实践应用方面，付在毅、卢宏玮、李谢辉和蒋良群等借助遥感（RS）和地理信息系统（GIS），分别完成了辽河三角洲湿地、洞庭湖流域、渭河下游和塔里木河下游的区域水环境风险评价。研究涉及风险源包括洪涝、干旱、风暴潮灾害等自然灾害以及工业污染、农业污染、生活污染；并提出度量水环境重要性和脆弱性的指标，引入由氮污染指数、磷污染指数、重金属类污染指数共同构成的污染指数，自然灾害指数和生态系统自身的生态指数，如生物指数、多样性指数、物种重要性指数以及脆弱性指数等；李兴等以内蒙古乌梁素海为研究对象，应用水质超标灰色-随机风险率的计算方法和系统可靠性分析理论建立了单项参数评价模型和综合参数评价模型，分析湖泊入口断面水质存在的潜在风险。该方法能较好地反映乌梁素海入口断面不同水质参数的污染强度和污染物的变异过程，为湖泊水环境风险的决策和管理工作提供了参考依据。杨沛等在 PSR（pressure-state-response）模型的基础上建立了流域综合生态风险评价的压力-效应-社会响应模型（pressure-effect-social-response，PESR），探讨了快速城市化对深圳河流域生态环境的影响。结果表明：1993～2007 年期间深圳河流域的综合生态风险有所减小，风险等级由 1993 年的较高级降至 2007 年的中级。丁光辉等针对双台子河口水体中全氟化合物污染分布及风险进行评估，采用固相萃取（SP）前处理与高效液相色谱串联质谱联用仪（HPLC-MS/MS）相结合的分析方法，得出双台子河口水体中 PFOS 与 PFOA 暂不会对生态环境及人群健康产生即时危害、风险较小的结论。李少华等为进一步摸清青海湖流域河流生态系统重金属（Zn、Cu、Pb、Hg、Ni、As、Cd、Cr）的污染状况，通过沿青海湖流域主要河流上、中、下游采集河流水体、河岸土壤及河岸植物样品，对样品中的重金属含量进行测定，并分析重金属的来源、污染状况和潜在水环境风险。得出结论，青海湖流域河流生态系统各介质中 Hg、Cd 和 As 的潜在生态风险较高，应给予高度重视。

国内现有的评价大多套用国外的模型，与污染区域的实际情况结合得不够紧密，缺乏对全流域水环境系统污染物综合影响的空间效应与传导机制的系统研究。同时，国内尚未建立系统的区域水环境风险评价指标体系，研究对象主要集中在化合物的污染方面，主要评价目的在于服务水环境功能恢复及管理工作。

1.3.2　国外水环境风险研究的发展

目前，世界上许多国家、组织或实验室如美国国家环保局、欧盟环境署、世界卫生组织、美国橡树岭国家实验室等都开展了有关生态风险评价的研究。1998 年，美国国家环保局（现环境保护署，US EPA）正式颁布了生态风险评价指南，强调了进行评价前评价者与环境管理者之间共同制订评价计划这一步骤，该框架体现了美国生态风险评价的最大目标即为环境管理部门服务这一特点。其后，诸多学者基于生态风险评价框架进行了一系列的研究工作，美国橡树岭国家实验室（ORNL）基于 US EPA 生态风险评价指南，首次对美国克林奇河流域进行了一系列水环境风险研究，该研究区位于东田纳西州，流域面积 $40km^2$。研究目的是估计有毒污染物铯的扩散范围和属性，进行水环境生态风险评价，进而提出补救措施。

Hunsaker 最早将区域生态风险评价界定为描述和评估区域尺度的环境资源风险或由区域尺度的污染和自然扰动所造成的风险。随后，Hunsaker、Suter 等开展了景观尺度的生态风险评估。迄今为止，学术界已开展了若干的区域生态风险评价案例研究，在研究内容、方法、技术、范式、模型构建等方面取得了阶段性成果。Susan M 等进行了流域水平的环境风险评价研究，对美国俄亥俄州 Big Darby River 流域进行了水环境风险评价，其在计划和问题形成阶段借鉴了 EPA 生态风险评价框架，并形成了暴露模型。他们的研究为区域水平环境风险评价的计划和问题形成提供了参考案例，提出了针对单个种群的暴露模型。Wallack 根据土地利用方式、营养物质浓度与杀虫剂浓度之间的相关关系，以土地利用方式等数据代替杀虫剂浓度，通过分区的方法定量地评价了杀虫剂对水域造成的可能影响。Angela 等研究了 Codorus Creek 流域多压力因子区域水环境风险，利用相对风险评价的方法思想构建了基于压力因子-受体-环境三者相互关系的概念模型，通过 GIS 将研究区按景观类型分为若干子区，分别评价了各子区和各评价端点的风险值，同时进行了不确定性分析，最后借助 GIS 将评价结果进行图像表征。Naito 等利用综合水生系统模型（CASM-SU-MA）评价了水生生态系统中化合物的生态风险，该模型不但为系统中化合物生态防护水平的确定提供了良好的基础，而且为系统中化合物风险管理的决策过程提供了额外的信息。Wienand I 等使用地理信息系统（GIS）作为水资源管理的工具，进行基于 GIS 的水安全计划 WSP 研究，对集水区的饮用水生态条件、危险源辨识、风险评估及控制措施进行了监测，将GIS 用于可视化和空间分析等水安全计划研究工作的决定性步骤。Aswini Kumar Das 等结合遥感技术与地理信息系统技术，使用开源的 Postgress SQL、Map Guide、Pmapper，建立基于 WebGIS 地下水质量管理地图应用系统，进一步将 GIS 与水质管理相结合，为主管当局或社会的地下水污染管理决策工作提供了支持。

从国外学者的研究可以看出：

① 区域水环境风险评价主要关注大尺度上环境污染、人为活动或自然灾害对区域内水环境系统结构和功能等产生的不利影响；

② 与以往的水环境风险评价相比，区域水环境风险及其涉及的风险源与评价受体等在区域内具有空间异质性，同一区域内的不同受体间存在差异性，且不同区域内的风险类型和风险程度各异；

③ 区域水环境风险评价更多考虑风险源、风险受体及其生境，在评

价终点上更多关注水环境系统本身的属性，如营养化程度、景观多样性等；

④ 在研究手段上，大多借助于地理信息系统（GIS）工具，分析并描述风险分布与风险等级。

1.4 物质代谢研究的比较优势和制约因素

1.4.1 制约因素

物质代谢的概念于生物化学中形成，并逐步扩展到生态学与生态经济学的研究领域，从自然科学逐步融入哲学和社会科学之中，随着研究学科的不同展现出内涵不断丰富、外延不断扩展的趋势。物质代谢研究对消除或减缓国家或区域社会经济活动对自然环境的压力起着举足轻重的作用，其理论与方法已成为国内外学术界关注的重点领域之一。

国内外在物质代谢研究过程中已取得了诸多进展，但由于受到各方面的影响，例如研究方法的限制性、研究数据的可获得性以及环境经济系统的复杂性等，很难建立灵活性与实用性符合要求的研究模型进行分析，导致难以揭示物质代谢在系统内部的驱动机制。目前，物质代谢的研究方法已有包含物质流分析在内的数种，然而在实际应用过程中仍存在一些影响因素造成计算结果不准确。物质代谢研究的主要制约因素有以下几个方面。

① 对物质代谢与环境影响之间关系的探索不够深入。国内外对物质代谢与环境影响之间关系的研究有所涉及，但多数研究仅止步于对废物输出数量指标进行分析以及与输入指标进行对比，没有进一步分析输出数量指标与系统内部代谢单元及其代谢过程之间的关联，没有很好地揭示系统结构、代谢过程以及二者之间的相互作用对自然环境的影响机制。

② 在物质代谢过程机理方面的研究方面略有不足。多数研究对研究对象的内部代谢单元组构关系、代谢单元之间的物质流动与转换过程及其对系统代谢强度、效率等影响机制研究不够，难以全面揭示系统代谢过程机理，导致对区域系统的物质流调控和管理的意义与指导价值大打折扣。

③ 物质代谢研究缺乏对进出系统物质质量的关注。目前已有的研究仅关注了物质数量问题，事实上物质质量的差异对环境同样产生着不同的影响，仅用数量衡量物质代谢水平大大削弱了计算结果的可靠性，也难以

据此有效地识别和衡量环境响应水平。

1.4.2 研究展望

结合目前物质代谢研究的制约因素，除了要进一步进行发展物质代谢研究方法以及构建相关动力学模型等基础性研究之外，还应进一步进行以下研究工作。

① 开展区域工业系统内的物质代谢研究。工业作为经济系统的主体，工业代谢在整个区域物质代谢过程中占有重要地位，开展区域工业系统内的物质代谢研究不仅能推动理论研究的发展，同时也具有较大的实际指导意义。

② 加强物质代谢对环境影响的研究，解决在环境影响量化过程中隐藏流系数不确定性的困难。目前已有国内学者对隐藏流计算方面进行探索，然而由于资源特点、开采方式、生产力水平等因素的影响，如何确定隐藏流系数仍是一个待解决的难题。

③ 深入研究影响物质代谢的关键因素，如代谢主体内部组织结构的稳定性，代谢路径中节点的数量、配置等。开展生产者、消费者、分解者如何合理配置，代谢链条上增环或减环的数量、位置等重要研究课题。

④ 进行危害人体健康与环境的物质代谢过程的研究，人类活动产生的有害物质流动会对生态系统造成不容忽视的影响。因此，其代谢过程、机理及控制途径的研究将成为物质代谢研究的重点方向之一。

参考文献

[1] Ayres R U，Kneese A V. Production，consumption and extemalities [J]. American Economic Review，1969，59：282-297.

[2] Baron L A，Sample B E，Ii G W S. Ecological risk assessment in a large river-reservoir：5. Aerial insectivorous wildlife [J]. Environmental Toxicology & Chemistry，1999，18 (4)：621-627.

[3] Barron M G，Wharton S R. Survey of methodologies for developing media screening values for ecological risk assessment [M]. Integrated Environmental Assessment and Management，2009，320-332.

[4] Bashkin V N，Park S U，Choi M S，et al. Nitrogen budgets for the Republic of Korea and the Yellow Sea region [J]. Biogeochemistry，2002，57-58：387-403.

[5] Bing Li，Irina Boiarkina，Brent Young，et al，Substance flow analysis of phosphorus within New Zealand and comparison with other countries [J]. Science of the Total Environment，2015，527-528：

483-492.

［6］ Boyer E W, Howarth R W, Galloway J N, et al. Riverine nitrogen export from the continents to the coasts [J]. Global Biogeochemical Cycles, 2006, 20 (1): 1-91.

［7］ Breemen N V, Boyer E W, Goodale C L, et al. Where did all the nitrogen? Fate of nitrogen inputs to large watersheds in the northeastern U. S. A. [J]. Biogeochemistry, 2002, 57-58 (1): 267-293.

［8］ Cook R B, Ii G W S, Sain E R. Ecological risk assessment in a large river-reservoir: 1. Introduction and background [J]. Environmental Toxicology & Chemistry, 1999, 18 (4): 581-588.

［9］ Cormier S M, Smith M, Norton S, et al. Assessing ecological risk in watersheds: A case study of problem formulation in the Big Darby Creek watershed, Ohio, USA [J]. Environmental Toxicology & Chemistry, 2000, 19 (4): 1082-1096.

［10］ Das A K, Prakash P, Sandilya C V S, et al. Development of Web-Based Application for Generating and Publishing Groundwater Quality Maps Using RS/GIS Technology and P. Mapper in Sattenapalle, Mandal, Guntur District, Andhra Pradesh [M]. ICT and Critical Infrastructure: Proceedings of the 48th Annual Convention of Computer Society of India- Vol II. Springer International Publishing, 2014: 679-686.

［11］ Department of Environment. White Book of Circular Society [R]. Japan: Department of Environment, 2004.

［12］ Filoso S, Martinelli L A, Howrath T W, et al. Human activities changing the nitrogen cycle in Brazil [J]. Biogeochemistry, 2006, 79 (1): 61-89.

［13］ Fischer-Kowalski M, Haberl H. Tons, joules, and money: Modes of production and their sustainability problems [J]. Society and Nature Resources, 1997, 10 (1): 61-85.

［14］ G W S S I, Barnthouse L W, Efroymson R A, et al. Ecological risk assessment in a large river-reservoir: 2. Fish community [J]. Environmental Toxicology & Chemistry, 1999, 18 (4): 589-598.

［15］ He Y, Wang Y L, Cai J L, et al. Regional ecological risk assessment: Its research progress and prospect [J]. Chinese Journal of Ecology, 2009, 28 (5): 969-975.

［16］ Hunsaker C T, Graham R L, Suter G W, et al. Assessing ecological risk on a regional scale [J]. Environmental Management, 1990, 14 (3): 325-332.

［17］ Ii G W S. Endpoints for regional ecological risk assessments [J]. Environmental Management, 1990, 14 (1): 9-23.

［18］ Isacsson A, Jonsson K, Linder L, et al. Material flow accounts, DMI and DMC for Sweden 1987-1997 [M]. Sweden: EUROSTAT Papers. No. 2/ 2000/ 13/ 2 Statistics Sweden. 2000.

［19］ Jinping Tian, Han Shi, Ying Chen, et al. Assessment of industrial metabolisms of sulfur in a Chinese fine chemical industrial park [J]. Journal of Cleaner Production, 2012, 32 (3): 262-272.

［20］ Jones D S, Barnthouse L W, Ii G W S, et al. Ecological risk assessment in a large river-reservoir: 3. Benthic invertebrates [J]. Environmental Toxicology & Chemistry, 2010, 18 (4): 599-609.

［21］ Leontief W. Environmental repercussions and the economic structure: An input-output approach [J]. Review of Economics and Statistics, 1970, 52 (1): 262-271.

［22］ 房科靖. 基于 MFA-SD 的区域循环经济评价分析及仿真研究 [D]. 沈阳: 东北大学, 2017.

［23］ Naito W, Miyamoto K I, Nakanishi J, et al. Application of an ecosystem model for aquatic ecological risk assessment of chemicals for a Japanese lake [J]. Water Research，2002，36（1）：1.

[24] Obery A M，Landis W G. A regional multiple stressor risk assessment of the codorus creek watershed applying the relative risk model [J]. Human & Ecological Risk Assessment An International Journal，2002，8（2）：405-428.

[25] Parfitt R L，Schipper L A，Baisden W T，et al. Nitrogen inputs and outputs for New Zealand in 2001 at national and regional scales [J]. Biogeochemistry，2006，80（1）：71-88.

[26] Qiao M，Zheng Y M，Zhu Y G. Material flow analysis of phosphorus through food consumption in two megacities in northern China [J]. Chemosphere，2011，84（6）：773-778.

[27] Schmidt-Bleek E Das MIPS-Konzept. Weniger naturverbrauch-mehr Lebensqualitaet durch fakor [M]. Muenchen：Droemersche Verlagsanstalt Th. Knaur Nachf. 1998.

[28] Smil V. Phosphorus in the environment：Natural flows and human interferences [J]. Environment and Resources，2000，25（25）：53-88.

[29] Villalba G，Liu Y，Schroder H，et al. Global phosphorus flows in the industrial economy from a production perspective [J]. Journal of Industrial Ecology，2008，12（4）：557-569.

[30] Wallack R N，Hope B K. Quantitative consideration of ecosystem characteristics in an ecological risk assessment：A case study [J]. Human & Ecological Risk Assessment An International Journal，2002，8（7）：1805-1814.

[31] Wienand I，Nolting U，Kistemann T. Using Geographical Information Systems（GIS）as an instrument of water resource management：A case study from a GIS-based Water Safety Plan in Germany [J]. Water Science & Technology A Journal of the International Association on Water Pollution Research，2009，60（7）：1691.

[32] Yan Zhang，Hongmei Zheng，Zhifeng Yang，et al. Analysis of the industrial metabolic processs for sulfur in the Lubei（Shandong Province，China）eco-industrial park [J]. Journal of Cleaner Production，2015，96：126-138.

[33] Yong-Soo Jeong，Kazuyo Matsubae-Yokoyama，Hironari Kubo，et al. Substance flow analysis of phosphorus and manganese correlated with South Korean steel industry [J]. Resources Conservation and Recycling，2009，53（9）：479-489.

[34] Yoshikawa N，Shiozawa S，Ardiansyah. Nitrogen budget and gaseous nitrogen loss in a tropical agricultural watershed [J]. Biogeochemistry，2008，87（1）：1-15.

[35] Yuliya Kalmykova，Robin Harder，Helena Borgestedt，et al，Pathways and Management of Phosphorus in Urban Areas [J]. Journal of Industrial Ecology，2012，16（6）：928-939.

[36] 张孟辉. 基于 SFA 对典型区域环境负荷的源解析 [D]. 沈阳：东北大学，2017.

[37] 陈效述，赵婷婷，郭玉泉，等. 中国经济系统的物质输入与输出分析 [J]. 北京大学学报（自然科学版），2003，39（4）：538-547，

[38] 程燕，周军英，单正军，等. 国内外农药生态风险评价研究综述 [J]. 农村生态环境，2005（03）：62-66.

[39] 单永娟. 物质流分析方法研究与应用综述 [J]. 产业与科技论坛，2007，6（3）：83-86.

[40] 段宁，柳楷玲，孙启宏，等. 基于 MFA 的 1995-2005 年中国物质投入与环境影响研究 [J]. 中国人口·资源与环境，2008，18（6）：105-109.

[41]　付在毅，许学工，林辉平．辽河三角洲湿地区域生态风险评价［J］．生态学报，2001，21（3）：365-373.

[42]　傅泽强，智静．物质代谢分析框架及其研究述评［J］．环境科学研究，2010，23（8）：1091-1098.

[43]　胡国华，夏军，赵沛伦．河流水质风险评价的灰色-随机风险率方法［J］．地理科学，2002，22（2）：249-252.

[44]　蒋良群，舒成强，雷金蓉．运用 RS 和 GIS 的生态风险模糊综合评估方法研究［J］．西华师范大学学报（自然科学版），2008，29（3）：313-318.

[45]　康雨．我国物质流研究方法综述［J］．沿海企业与科技，2011（7）：7-9.

[46]　李如忠，洪天求，金菊良．河流水质模糊风险评价模型研究［J］．武汉理工大学学报，2007（02）：43-46.

[47]　李少华，王学全，高琪，等．青海湖流域河流生态系统重金属污染特征与风险评价［J］．环境科学研究，2016，29（9）：1288-1296.

[48]　李谢辉，王磊，李景宜．基于 GIS 的渭河下游河流沿线区域生态风险评价［J］．生态学报，2009，29（10）：5523-5534.

[49]　李兴，李畅游，代文婕．基于灰色-随机风险率方法的湖泊水质分析［J］．环境工程，2009，27（4）：117-119.

[50]　刘淼，梁正伟．草地生态系统硫循环研究进展［J］．华北农学报，2009，24（s2）：257-262.

[51]　刘毅．中国磷代谢与水体富营养化控制政策研究［D］．北京：清华大学，2004.

[52]　卢宏玮，曾光明，谢更新．洞庭湖流域区域生态风险评价［J］．生态学报，2003，23（12）：2520-2530.

[53]　陆钟武．经济增长与环境负荷之间的定量关系［J］．环境保护，2007，4A：13-18.

[54]　马其芳，黄贤金，于术桐．物质代谢研究进展综述［J］．自然资源学报，2007，22（1）：141-152.

[55]　彭建，党威雄，刘焱序，等．景观生态风险评价研究进展与展望［J］．地理学报，2015，70（04）：664-677.

[56]　（奥）陶在朴．生态包袱和生态足迹——可持续发展的重量及面积观念［M］．北京：经济科学出版社，2003.

[57]　王丹，王延华，杨浩．太湖流域农田生产—畜禽养殖系统氮素流动特征［J］．环境科学研究，2016，29（3）：457-464.

[58]　王激清，马文奇，江荣风．中国农田生态系统氮素平衡模型的建立及其应用［J］．农业工程学报，2007，23（8）：210-214.

[59]　王金南，曹国志，曹东，等．国家环境风险防控与管理体系框架构建［J］．中国环境科学，2013，33（01）：186-191.

[60]　王奇，王会．循环经济的定量化评价方法研究［J］．中国人口·资源与环境，2007，17（1）：33-37.

[61]　魏立娥．双台子河口水体全氟化合物污染分布及风险评估研究［D］．大连：大连海事大学，2015.

[62]　武娟妮，石磊．工业园区氮代谢——以江苏宜兴经济开发区为例［J］．生态学报，2010，30（22）：6208-6217.

[63]　冼超凡，欧阳志云．城市生态系统氮代谢研究进展［J］．生态学杂志，2014，33（9）：2548-2557.

[64]　许学工．黄河三角洲生态环境的评估和预警研究［J］．生态学报，1996，16（5）：461-468.

［65］ 杨沛，李天宏，毛小苓．基于 PESR 模型的深圳河流域生态风险分析［J］．北京大学学报（自然科学版），2011，47（4）：727-734.

［66］ 殷浩文，赵华清．黄浦江某支流河水生物毒性研究［J］．上海环境科学，1997（6）：41-43.

［67］ 尹腊梅．城市化进程中的水环境风险评价与管理［D］．扬州：扬州大学，2009.

［68］ 于洋，崔胜辉，赵胜男．城市居民食物氮消费变化及其环境负荷——以厦门市为例［J］．生态学报，2012，32（19）：5953-5961.

［69］ 岳强．物质流分析、生态足迹分析及其应用［D］．沈阳：东北大学，2006.

［70］ 赵庆令，李清彩，谢江坤，等．应用富集系数法和地累积指数法研究济宁南部区域土壤重金属污染特征及生态风险评价［J］．岩矿测试，2015，34（01）：129-137.

［71］ 赵扬．钢铁企业清洁生产审核中的硫素代谢分析［J］．能源与环境，2007，5：102-104.

第一篇
总物质流分析

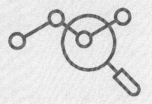

第2章

物质流分析与核算

2.1 物质流分析框架

  物质流分析主要通过建立物质流账户体系来分析研究一个国家或地区经济系统与环境之间物质流的总量交换情况，采用该方法分析时需要考虑没有直接经济价值的"隐藏流"，或称"生态包袱"，是指人类为获取直接物质输入而必须动用的数量巨大的环境物质。其中主要包括：开采化石能源、工业原材料时移动的表土量和引起的水土流失量；生物收获的非使用部分：木材砍伐的损失、农业收割的损失等；建筑遗弃土方及河流疏浚；自然环境水土流失量。

  以质量守恒定律为基本依据，参照欧盟统计局制定的《物质流分析手册》，将源、路径和汇以物质流分析框架表示，如图 2-1 所示。由于水和气在所有物质流中占据较大份额，为不影响最终分析结果，一般对其进行单独分析。

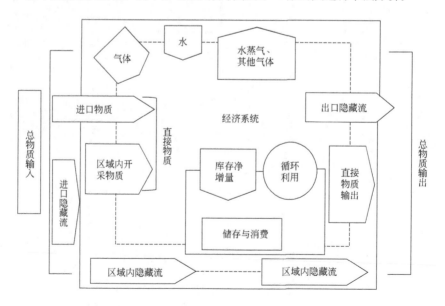

图 2-1　区域经济系统物质流分析框架

物质流分析是将自然界中的经济系统看成一个独立的个体，只考虑总体的输入和输出。图 2-1 中，左端为输入端，主要包括区域内开采物质，如生物物质、建筑矿物质和化石燃料等，因区域内开采而产生的隐藏流，进口物质流及与进口有关的隐藏流。进入经济系统的物质一部分被储存，另一部分随经济系统进行物质流通，在消费中被消耗，最终在废物处理阶段将可回收的物料循环返回到经济系统，其余则以废弃物形式输出到环境中。

图 2-1 中，右端为输出端，包括输出到自然环境中的废弃物和区域内隐藏流，出口物质流及其产生的隐藏流。

2.2 物质流分析评价指标

物质流分析方法为制定区域可持续发展及循环经济战略提供了可以量化的依据，根据国际通用的划分方法，物质流分析将进出社会经济系统的物质分为空气、水和固体物质三大部分，在对经济系统进行物质流分析的基础上可以得到输入指标、输出指标、消耗指标、平衡指标、强度和效率指标、综合指数六大类共 10 多个物质流分析指标。通过这些指标的横向分析，可得到不同系统的可持续发展程度；通过这些指标的纵向分析，揭示系统的物质使用组成、利用效率和动态变化。

（1）物质流分析评价指标

区域是一个相对开放的系统，其内的物质流与外界既有一定的交换又可以在某种程度上自成体系。因此，其输入账户既包含内部直接输入账户也包含进口（国外和区外）输入，同时还应涵盖隐藏流。其输出账户既包含直接输出账户，也包含出口的物质流，同时还涵盖出口隐藏流。物质流分析评价指标及分析方法如表 2-1 所列。

表 2-1 物质流分析评价指标及分析方法

指标分类	指标名称		核算公式
	缩写	全称	
输入	DMI	直接物质输入	DMI＝区域内开采量＋区外进口量
	HF(IF)	进口隐藏流或非直接流	HF(IF)＝区域内隐藏流＋进口隐藏流
	TMR	总物质输入	TMR＝DMI＋HF(IF)

指标分类	指标名称		核算公式
	缩写	全称	
排放	DMO	直接物质输出	DMO=气体输出+固体废弃物+区域出口
	HF(OF)	出口隐藏流或非直接流	HF(OF)=区域内隐藏流+出口隐藏流
	TMO	总物质输出	TMO=DMO+HF(OF)

1）直接物质输入（DMI）

DMI 是指从自然界开挖的基本物质，指原生的、未被加工的物质和材料。原材料多为钢铁、塑料、橡胶、其他金属等次级工业原材料，要进行深入的物质流分析就必须追究输入端的原始投入量，即直接物质流账户应该包括工业原材料的生产所涉及的从自然界开挖的基本物质、化石能源，主要包括生物质类、非生物质类和进口物质。DMI 是衡量自然环境对经济系统的直接物质投入量，它等于区域内物质开采量加上进口物质的总量。

2）隐藏流或非直接流（HF）

HF 是衡量一个国家或地区发生在其经济系统内，且没有直接进入产品和市场消费，但为了获得有用物质必须开采或搬运的物质总量，包括生产生物物质所引起的生态包袱、开采化石燃料产生的水土流失、建筑物剩余的土石方和废弃物三大类。虽然隐藏流并不直接服务于社会生产和消费活动，但却是自然环境和生态系统的生态包袱；资源利用技术进步的一个重要衡量标准就是尽量减少物质提取过程中产生的隐藏流总量。

3）总物质输入（TMR）

TMR 是衡量经济系统资源消耗总量的指标。其主要受到技术水平和物质循环效率的影响，代表支持经济系统正常运行所需要的总物质输入量。该指标越小，利用的自然资源和物质越少，则经济系统运行的可持续性越强。

4）直接物质输出（DMO）

DMO 是大气污染物、固体弃物和区域出口的总和。直接物质输入量经过经济系统后，直接进入本区域环境或世界其他地方的直接物质量。

5）总物质输出（TMO）

TMO 主要包括直接物质输出、区域内隐藏流、区域出口隐藏流，是衡量经济系统物质输出量对生态系统压力的重要指标。TMO 量越小，排出到环境中的废弃物越少，则环境友好程度越高，环境的可持续性越强。

（2）物质流分析强度和效率指标

物质流分析强度效率指标主要用物质消耗强度指标表示，用于衡量经济系统年度人均或万元 GDP 的资源消耗量。物质流分析强度效率主要受经济总量、人口基数、产业结构、消费结构和技术水平等因素的影响。

常用的物质流分析强度效率指标如表 2-2 所列。

表 2-2　物质流分析强度效率指标

指标	单位	计算公式
人均直接物质输入	kg/人	直接物质输入/人口
人均总物质输入	kg/人	总物质输入/人口
人均直接物质输出	kg/人	直接物质输出/人口
人均总物质输出	kg/人	总物质输出/人口
万元 GDP 直接物质输入	kg/万元	直接物质输入/GDP
万元 GDP 总物质输入	kg/万元	总物质输入/GDP
万元 GDP 直接物质输出	kg/万元	直接物质输出/GDP
万元 GDP 总物质输出	kg/万元	总物质输出/GDP

（3）物质流分析消耗指标

消耗指标包括区域内物质消耗量和物质总消费，物质消耗量越大，越不利于构建资源节约型社会。

（4）物质流分析平衡指标

平衡指标包括物质库存净增量和实物贸易平衡，物质库存净增量反映了一个国家或地区的物质财富增长水平。增加库存净增量和改善其增量的组成结构和循环利用的比例，对于建设循环型社会具有重要的战略价值。

（5）物质流分析综合指数指标

综合指数包括分离指数和弹性指数，它们是用来衡量物质消耗、环境退化与经济增长之间关系的综合指数。

2.3　物质流核算：以广东省为例

随着社会经济的高速发展，由于人们缺乏环保意识，导致自然资源大量消耗，环境日益恶化，人们开始意识到只有大力发展循环经济，才能以尽可能小的资源消耗和环境代价来实现社会经济效益的最大化。我国许多城市已经开始发展循环经济，而广东省处于经济变革的中心位置，连续几十年GDP排名全国第一，循环经济是重点发展方向。本节以广东省为例，利用物质流分析评价方法，进行物质流的核算，找出消耗资源和污染环境的因素，为实现可持续性发展目标提供强有力的依据。

2.3.1 广东省概况

（1）地理位置

广东省地处我国大陆最南部。东邻福建，北接湖南，西连广西，南临南海，珠江口东西两侧分别与香港、澳门特别行政区接壤，西南部雷州半岛隔琼州海峡与海南省相望。全境位于北纬$20°09'\sim25°31'$和东经$109°45'\sim117°20'$之间。全省陆地面积$17.98\times10^4km^2$，约占全国陆地面积的1.87%；其中岛屿面积$1592.7km^2$，约占全省陆地总面积的0.89%。全省沿海共有面积大于$500m^2$的岛屿759个，数量仅次于浙江省和福建省，居全国第三位。其中，珠海市有岛屿147个，为国内岛屿较多的城市之一。另有明礁和干出礁1631个。全省大陆海岸线长3368.1km，居全国第一位。

（2）气候气象

广东省属于东亚季风区，从北向南分别为中亚热带、南亚热带和热带气候，是我国阳光和水资源最丰富的地区之一。从北向南，年平均日照时数由不足1500h增加到2300h以上，年平均太阳辐射量在$4200\sim5400GJ/m^2$之间，年平均气温为$19\sim24℃$。全省平均日照时数为1745.8h、年平均气温22.3℃。1月平均气温为$16\sim19℃$，7月平均气温为$28\sim29℃$。全年降水充沛，年平均降水量在$1300\sim2500mm$之间，全省平均降水量为1777mm。降雨的空间分布基本上也呈南高北低的趋势。受地形的影响，在有利于水汽抬升形成降水的山地迎风坡有恩平市、海丰县和清远市3个多雨中心，年平均降水量均大于2200mm；在背风坡的罗定盆地、兴梅盆地、潮汕平原以及沿海的雷州半岛为少雨区，年平均降水量小于1400mm，降水的月份也分配不均，$4\sim9$月的汛期降水量占全年的80%以上。

（3）社会经济

2015年末广东省常住人口10849万人。全年出生人口119.95万人，出生率11.12‰；死亡人口46.60万人，死亡率4.32‰；自然增长人口

73.35 万人，自然增长率 6.80‰。2015 年全国经济增长 6.9%，广东 GDP 增速比全国高 1.1 个百分点，对全国经济增长的贡献率超过 10%。广东规模以上工业增长率达到 7.2%，增速比全国高 1.1 个百分点；固定资产投资增长 15.8%，比全国高 5.8 个百分点；社会消费品零售总额同比增长 10.1%，比全国低 0.6 个百分点；进出口同比下降 3.9%，降幅比全国小 3.1 个百分点；一般公共预算收入同比增长 12.0%，增幅比全国高出 5 个百分点以上。全年进出口总额 63559.67 亿元（10229.52 亿美元），比上年下降 3.9%。其中，出口 39983.07 亿元（6435.62 亿美元），增长 0.8%；进口 23576.60 亿元（3793.90 亿美元），下降 10.8%。进出口差额（出口减进口）16406.48 亿元（2641.72 亿美元），比上年增加 3171.89 亿元（486.61 亿美元）。

2.3.2 数据来源与处理

2.3.2.1 数据来源

①《广东统计年鉴》（2008～2015）、《中国统计年鉴》（2008～2015）、《中国工业经济统计年鉴》（2008～2015）、《中国能源统计年鉴》（2008～2015）。

② 地方相关部门网站统计数据及最新行业信息。

③ 国内外相关研究成果。

2.3.2.2 处理方法

物质流核算中账户所有项目均以质量为基本计量单位，涉及的物质种类规模庞大、范围广、结构复杂，具体的工作开展比较困难。为了研究的可行性和合理性，对广东省物质流核算及其分析将按以下原则：

① 区域物质流核算体系以欧盟导则为基础，结合地域实际情况，尽量与欧盟统计局 MFA 方法保持一致。

② 对于本地开采和生产的物质，只计算初级原物料，不包括二级产品，避免遗漏和重复计算。

③ 对于年鉴中未以重量计量的进出口商品，需根据相关数据换算成重量单位计算。

④ 经济系统物质输入和输出中水的输入量和输出量占总量的 90% 以上，为了更加清晰地分析经济系统物质流动情况。因此，不考虑水的输入

和输出同样不影响分析结果。

⑤ 为避免重复计算，凡是人工饲养的，且以农产品为饲料的水产品和牲畜产量应视为物质储存，不应作为物质输入。

2.3.3 物质流核算

2.3.3.1 输入端

输入端由区域内开采、空气输入和区外进口三大部分组成，区域内开采主要是指生物物质产量和非生物物质产量，非生物物质指化石燃料、建筑矿物质。

（1）生物物质

生物物质主要由农业类、林业类、牧业类、渔业类生物物质构成。其中农业类包括粮食、薯类、豆类、糖蔗（甜菜）、花生、蔬菜；林业类也就是每年的木材采运量，林业类生物物质主要包括油桐籽、油茶籽、棕片、松脂、竹笋干、板栗、松香等。牧业类中对自然放养的家禽没有具体统计数据，因此忽略不计。渔业类包括海水、淡水捕获的野生鱼，人工饲养的且以农产品为饲料的水产品不属于初级原料，不计入生物质物质统计数据中。

经核算，2007～2013 年广东省生物物质见表 2-3。

表 2-3　2007～2013 年广东省生物物质总量　　　　单位：10^4t

年份	2007	2008	2009	2010	2011	2012	2013	2014
农业类	4247.55	4529.74	4394.51	4645.24	5118.3	5291.58	5594.15	5905.89
林业类	38.78	27.88	38.13	44.21	39.53	41.61	47.18	48.21
渔业类	161.99	165.92	165.40	165.29	165.10	169.67	168.38	168.93
总计	4448.32	4723.54	4598.04	4854.74	5322.93	5502.86	5809.71	6123.03

注：数据来源于《广东统计年鉴》（2008～2015）。

（2）化石燃料

化石燃料主要包括原煤、原油、天然气、电力四大类，全部转化成以标准煤计的质量。经核算，2007～2014 年广东省化石燃料总量见表 2-4。

表 2-4　2007～2014 年广东省化石燃料总量（按标准煤计）　　单位：10^4t

年份	2007	2008	2009	2010	2011	2012	2013	2014
原煤	540.27	589.35	577.09	598.28	494.08	518.30	554.31	533.72

年份	2007	2008	2009	2010	2011	2012	2013	2014
原油	1260.63	1375.14	1346.54	1395.99	1152.85	1209.37	1293.40	1245.35
天然气	698.39	799.04	777.36	1130.18	1107.48	1110.90	1002.42	1113.32
电力	1424.24	1651.06	1690.86	2144.44	2092.35	2250.30	2573.78	2702.17
总和	3923.53	4414.59	4391.85	5268.89	4846.76	5088.87	5418.49	5594.56

注：数据来源于《广东统计年鉴》（2008～2015）《中国能源统计年鉴》（2008～2015）。

（3）建筑矿物质

对于建筑矿物质，本研究主要以砖、瓦、石子、砂、毛石的用量来核算，其中石子、砂、毛石质量统一按砂石的质量核算，最后通过每年房屋建筑竣工面积来计算建筑矿物质的总质量。参考表 2-5、表 2-6 的数据进行核算，广东省建筑矿物质总量见表 2-7。

表 2-5　单位建筑面积的建材消耗

结构	计量单位/m²	红砖/千块	瓦/片	石子/m³	砂/m³	毛石/m³
钢混	100	17.6	—	31	37.6	10
混合	100	16	—	24	34.6	15
砖木	100	25	2000	12	25	36

注：每万块砖按 25t 来估算其质量，每立方米砂石料按 1.86t 计算。100m² 钢混需要 44t 红砖，146.2t 砂石；10000m² 需要 4400t 红砖，14620t 砂石。

表 2-6　房屋建筑竣工面积　　　　　　　　　单位：10^4m^2

年份	2007	2008	2009	2010	2011	2012	2013	2014
面积	5281.86	5513.19	18736.9	20420.6	14308.2	14411.6	16199.5	17294.7

注：数据来源于《广东统计年鉴》（2008～2015）。

表 2-7　建筑矿物质总量　　　　　　　　　单位：10^4t

年份	2007	2008	2009	2010	2011	2012	2013	2014
红砖	2324.02	2425.80	8244.26	8985.06	6295.61	6341.08	7127.76	7609.67
砂石	7722.08	8060.28	27393.4	29854.9	20918.6	21069.7	23683.6	25284.9
总计	10046.1	10486.1	35637.7	38840.0	27214.2	27410.8	30811.4	32894.5

（4）空气输入

空气输入包括燃料燃烧耗氧、人类和生物生活的呼吸耗氧等，自然环境中的植物光合作用由于不直接参与人类经济活动，所以不计入，同理生物和土壤呼吸所需的 O_2 量和排放的 CO_2 量也不计入。燃料燃烧耗氧及人类和生物生活呼吸耗氧这两部分没有具体数据统计，需要通过换算得出。

① 针对化石燃料燃烧时所消耗的 O_2 量，本研究通过每年 SO_2 排放总量的 50％ 与 CO_2 排放量的 73％ 相加得出化石燃料燃烧时所消耗的 O_2 量。即：

$$Q = SO_2 \times 0.5 + CO_2 \times 0.73 \qquad (2-1)$$

《中国统计年鉴》中只有 SO_2 的排放量，没有 CO_2 排放的统计数据，这里采用化石燃料燃烧所排放的 CO_2 的量来计算 CO_2 排放量：

$$M(CO_2) = \sum P_i F_i C_i \qquad (2-2)$$

式中　P_i——第 i 种化石燃料的消耗量；

　　　F_i——第 i 种燃料的平均有效氧化系数，煤、石油、天然气的平均有效氧化系数分别为 0.982、0.918、0.98；

　　　C_i——单位燃料的含碳量，每吨标准煤的平均含碳量为 0.85t，每吨标准煤的燃油含碳量为 0.707t，每吨标准煤的燃气含碳量为 0.403t。广东省燃料燃烧耗氧量见表 2-8。

表 2-8　广东省燃料燃烧耗氧量　　　　　　　单位：10^4t

年份	2007	2008	2009	2010	2011	2012	2013	2014
总量	9864.66	10007	10724.1	12387.7	13412.3	13351.5	13793.3	14173.6

② 生物呼吸耗氧量分为人与动物两部分计算，其中，普通成人休息时每分钟会呼吸 7L 或 8L（大约 0.007m³ 或 0.008m³）的空气。一天呼吸的空气总量大约为 11000L（11m³），吸入的空气中含有 20％ 的氧气，呼出的空气中含有 15％ 的氧气，因此每次呼吸会消耗吸入空气中 5％ 的氧气，这些氧气将转换为二氧化碳。因此，一个人一天要消耗大约 550L 的纯氧（0.5m³）。可以得出人每年的呼吸耗氧量，见表 2-9。

表 2-9　广东省每年人的呼吸耗氧量　　　　　　单位：10^4t

年份	2007	2008	2009	2010	2011	2012	2013	2014
总量	854.21	898.24	958.54	1025.67	1085.16	1164.29	1211.94	1288.09

③ 动物耗氧量的换算指标是动物的年产量，即各类畜牧的年末出栏数。此处主要核算牛、猪、羊和家禽的耗氧量。动物呼吸耗氧量的换算公式为各类动物的年产量（头数）乘以每一类别牲畜的呼吸系数，即每头家禽每年呼吸的平均消耗氧气量，牧禽的呼吸系数见表 2-10，各类牧禽每年

出栏数的数据来自《广东统计年鉴》（2008～2015）中牧禽头数及肉类产量，牧禽的呼吸耗氧量见表2-11。

表2-10　广东省主要牧禽的呼吸系数　　　　　　　　　　单位：t/a

牲畜	牛	羊	猪	三鸟
CO_2	2.92	0.237	0.301	0.013
O_2	2.449	0.199	0.253	0.011

表2-11　广东省牧禽的呼吸耗氧量　　　　　　　　　　单位：10^4 t

年份	2007	2008	2009	2010	2011	2012	2013	2014
总量	1614.43	1498.06	1558.76	1525.53	1437.34	1249.21	1195.46	1046.81

④ 空气总输入包括燃料燃烧耗氧量、人类和生物呼吸耗氧量，具体数据见表2-12。

表2-12　空气总输入　　　　　　　　　　单位：10^4 t

年份	2007	2008	2009	2010	2011	2012	2013	2014
总量	12333.3	12403.3	13241.4	14938.9	15934.8	15765.0	16200.7	16508.5

（5）区外进口

进口物质主要包括生物物质、非生物物质、矿物质、工业原料、生活消耗品、制成品和半制成品，具体数据来源于《广东统计年鉴》（2008～2015）中主要进口商品，将其中不是以质量为单位的商品，通过质量换算系数进行统一换算，主要商品质量换算系数见表2-13。广东省主要进口物质总质量见表2-14。

表2-13　主要进口物质质量转换系数

种类	棉机织物	合成纤维长丝机织物	金属加工机床	电动机及发电机	印刷电路	汽车和汽车底盘	纸烟	原木锯木
转换系数	0.2kg/m	0.35kg/m	2000kg/个	100kg/个	0.1kg/个	1300kg/个	0.25kg/条	1000kg/m^3

表2-14　广东省主要进口物质总质量　　　　　　　　　　单位：10^4 t

年份	2007	2008	2009	2010	2011	2012	2013	2014
总量	5755.94	5461.61	5880.65	5606.80	5402.48	5807.53	6335.96	7562.99

2.3.3.2 输出端

输出端由固体废物、气体输出、区域出口三部分组成。

（1）固体废物

固体废物主要包括工业固体废物和生活垃圾，数据来源于《中国统计年鉴》（2008～2015）中固体废物处理利用情况分项，固体废物总质量见表2-15。

表2-15 固体废物总质量 单位：10^4 t

年份	2007	2008	2009	2010	2011	2012	2013	2014
总量	3852.4	4833	4740.8	5456	5848.9	5965.4	5911.8	5665.09

（2）气体输出

排放到大气中的废气主要是指二氧化硫、二氧化碳、氮氧化物、烟（粉）尘，其中，只统计化石燃料燃烧排放的二氧化碳，已经通过式（2-2）计算出；二氧化硫、氮氧化物、烟（粉）尘的具体数据来源于《中国统计年鉴》（2008～2015）中主要废弃污染物排放情况。气体输出总质量见表2-16。

表2-16 气体输出总质量 单位：10^4 t

年份	2007	2008	2009	2010	2011	2012	2013	2014
总量	13603.4	13796.8	14764.9	17044.1	18432.2	18347.7	18954.3	19483.8

（3）区域出口

进口物质主要包括生物物质、非生物物质、矿物质、工业原料、能源原料、生活消耗品、制成品和半制成品，具体数据来源于《广东统计年鉴》（2008～2015）中主要出口商品，将其中不是以质量为单位的商品，通过质量换算系数进行统一换算，主要商品质量换算系数见表2-17。进口物质总质量见表2-18。

表2-17 主要出口物质质量转换系数

种类	轴承	变压器	电视机	船舶	皮革服装	鞋	活猪	活家禽	轮胎
质量	100kg/套	1kg/个	25kg/个	8000kg/艘	1.5kg/件	0.2kg/双	100kg/头	3kg/只	10kg/条

表 2-18　主要进口物质质量　　　　　　单位：10^4 t

年份	2007	2008	2009	2010	2011	2012	2013	2014
总量	596.10	842.79	981.18	858.28	886.58	710.79	714.62	603.71

2.3.3.3　隐藏流

国内对物质流隐藏流的研究资料较少，各类物质流隐藏流的实测数据非常有限，在世界资源所的研究中也仅估计能源、金属、工业矿产品和建筑材料四大类物质的隐藏流。因此，很难准确估计各种物质的相关隐藏流。隐藏流主要分为区域内隐藏流和进出口隐藏流，区域内隐藏流包括农业剩余物、基础设施建设的表土移动及水土流失、化石燃料隐藏流。

对隐藏流系数的选择主要依照如下顺序进行：

① 优先参考国内正式发表的研究成果；

② 就个别物质进行估算；

③ 采用与我国自然地理条件相近或生产力水平相当的地区的研究成果；

④ 采用全球平均的研究成果。

（1）生物物质隐藏流

生物物质隐藏流主要指随农作物一起收割但不进入商品经济活动的废弃物，主要为农作物秸秆。目前农作物秸秆综合利用程度较低，此处即用农作物秸秆未利用量来核算农作物剩余物量。本节选取的主要农作物的秸秆产出量系数见表 2-19。根据表 2-19 核算出生物物质隐藏流见表 2-20。

表 2-19　不同农作物谷草比系数

农作物	水稻	小麦	玉米	谷子	高粱	其他谷物	豆类	薯类
谷草比系数	1	1.1	2	1.5	2	1.6	1.7	1
农作物	芝麻	胡麻	向日葵	麻类	甘蔗	蔬菜	花生	棉花
谷草比系数	2	2	2	1.7	0.1	3	1.5	3

表 2-20　生物物质隐藏流　　　　　　单位：10^4 t

年份	2007	2008	2009	2010	2011	2012	2013	2014
总量	9028.59	9206.08	9713.08	10178.12	10646.99	11102.49	11479.48	11941.88

（2）基础设施建设的表土移动及水土流失

基础设施建设的表土移动主要包括房屋、交通及水利设施等的工程挖方量。基础设施建设隐藏流见表2-21，房屋建筑的工程挖方量用下式估算：

$$基础设施隐藏流＝当年建筑竣工面积(m^2)\times3.2(m)\times1.55(t/m)$$

(2-3)

表2-21　基础设施建设隐藏流　　　　　　　　　单位：10^4t

年份	2007	2008	2009	2010	2011	2012	2013	2014
总量	26198.0	27345.4	92935.3	101286	70968.7	71481.3	80349.3	85781.8

（3）化石燃料隐藏流

化石燃料主要包括原煤、原油、天然气、电力四大类，化石燃料隐藏流主要是指开采原煤、原油、天然气所引起的生态包袱，对环境造成直接或间接的影响。

化石燃料开采隐藏流的核算系数如表2-22所列。通过隐藏流估算系数核算的化石燃料隐藏流见表2-23。

表2-22　化石燃料隐藏流估算系数

项目	估算系数	使用国家
原煤	6.8	日本
原油	1.22	德国
焦炭	39.32	中国
天然气	1.66	德国
电力	77.327	中国

表2-23　化石燃料隐藏流　　　　　　　　　　单位：10^4t

年份	2007	2008	2009	2010	2011	2012	2013	2014
总量	113488.74	131394.35	134386.24	170132.08	165642.54	177961.02	202941.12	212969.46

（4）进出口隐藏流

用《广东统计年鉴》（2008～2015）中进出口主要商品乘以对应的隐藏流系数，就可以得到对应的隐藏流，对于本地特有物质或者未找到隐藏流系数的物质，采用中国台湾地区的估算方法，隐藏流系数统一为4。进出口主要生活用品隐藏流系数见表2-24。对于进出口金属、非金属开采过程中产生的隐藏流都按照国外现有的隐藏流系数进行估算，具体估算系数见表2-25。进出口具体数据见表2-26、表2-27。

表2-24 进出口主要生活用品隐藏流系数

项目	大豆油	食糖或糖料	机制纸及纸板	丝织品	纸浆	棉机织物	原木及锯材	卷烟/烤烟	家具
系数	5.25	8	3	84.73	2.25	1	1	1	4.12

表2-25 矿物隐藏流估算系数

项目	估算系数	备注
铁	1.8	德国、日本、美国估算
铁矿石原矿	2.01	中国估算
锰	2.3	德国、日本、美国估算
银	7499	德国、日本估算
铜	2	德国、日本、美国估算
镍	17.5	德国、日本估算
铝	0.48	德国、日本估算
铅	2.36	德国、日本估算
锌	0.69	德国、日本估算
锡	1448.9	德国、日本估算
铬	3.2	德国、日本估算
钨	63.1	德国
铝	665	日本
砖	4	日本估算
磷矿石	4	日本估算

表2-26 进口物质隐藏流　　　　　　　单位：10^4t

年份	2007	2008	2009	2010	2011	2012	2013	2014
总量	22744.62	23602.18	24329.69	21293.90	18932.20	18712.58	21244.76	19853.22

表2-27 出口物质隐藏流　　　　　　　单位：10^4t

年份	2007	2008	2009	2010	2011	2012	2013	2014
总量	4203.58	8304.95	10552.6	8693.09	9168.91	6459.79	6492.16	5037.89

2.3.3.4 核算结果

通过输入端、输出端、隐藏流的具体数据核算，得出广东省2007~2014年物质流账户体系。物质流账户见表2-28。

表2-28 广东省2007~2014年物质流账户体系　　　　单位：10^4 t

项目		年份							
		2007	2008	2009	2010	2011	2012	2013	2014
输入端	区域内开采 生物物质	4448.32	4723.54	4598.04	4854.74	5322.93	5502.86	5809.71	6123.03
	化石燃料	3923.53	4414.59	4391.85	5268.89	4846.76	5088.87	5418.49	5594.56
	建筑矿物质	10046.1	10486.1	35637.7	38840.0	27214.2	27410.8	30811.4	32894.5
	空气输入	12333.3	12403.3	13241.4	14938.9	15934.8	15765.0	16200.7	16508.5
	区外进口	5755.94	5461.61	5880.65	5606.80	5402.48	5807.53	6335.96	7562.99
输出端	固体废物	3852.4	4833	4740.8	5456	5848.9	5965.4	5911.8	5665.09
	气体输出	13603.4	13796.8	14764.9	17044.1	18432.2	18347.7	18954.3	19483.8
	区域出口	596.10	842.79	981.18	858.28	886.58	710.79	714.62	603.71
隐藏流	区域内 生物物质隐藏流	9028.59	9206.08	9713.08	10178.12	10646.99	11102.49	11479.48	11941.88
	基础设施建设隐藏流	26198.0	27345.4	92935.3	101286	70968.7	71481.3	80349.3	85781.8
	化石燃料隐藏流	113488.74	131394.35	134386.24	170132.08	165642.54	177961.02	202941.12	212969.46
	进出口 进口隐藏流	22744.62	23602.18	24329.69	21293.90	18932.20	18712.58	21244.76	19853.22
	出口隐藏流	4203.58	8304.95	10552.6	8693.09	9168.91	6459.79	6492.16	5037.89

2.3.3.5 核算结果分析

（1）物质流输入端、输出端、隐藏流总量分析

根据物质流分析研究框架，物质流分析主要分为输入端、输出端、隐藏流三大部分，输入端由区域内开采、空气输入和区外进口三大部分组成，区域内开采主要是指生物物质产量和非生物物质产量，非生物物质指

化石燃料、建筑矿物质。输出端由固体废物、气体输出、区域出口三部分组成。隐藏流包括生物物质、基础设施建设、化石燃料、进口、出口隐藏流；广东省 2007～2014 年物质流输入端、输出端、隐藏流变化情况见图2-2。

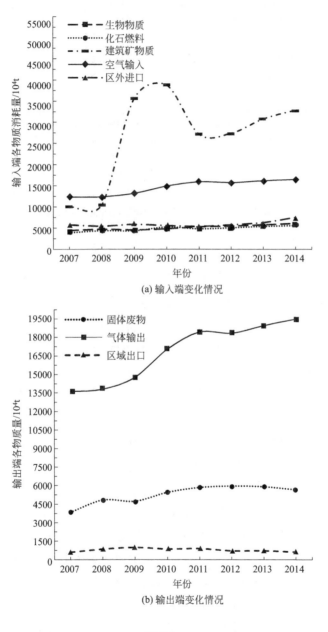

(a) 输入端变化情况

(b) 输出端变化情况

图 2-2

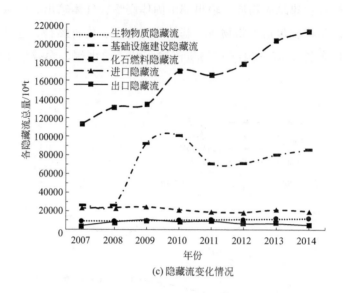

图 2-2 广东省 2007~2014 年物质流变化情况

通过图 2-2(a)可知，输入端中生物物质、化石燃料及区外进口总体呈逐年递增趋势，且增速较慢；空气输入从 2007 年的 12333.3 万吨增加到 2014 年的 16508.5 万吨，年均增长率达到 4.25％；为减轻 2008 年金融危机的影响，房地产行业猛增，房屋建筑竣工面积由 2008 年的 5513.19 万平方米增长到 2009 年的 18736.9 万平方米，由此导致 2009 年建筑矿物质消耗量为 2008 年的 3.4 倍。

通过图 2-2(b)可知，2007~2012 年输出端中的固体废物逐年递增，年均增长率为 9.14％，在 2013~2014 年，固体废物相对于 2012 年有所下降，气体输出呈逐渐递增趋势，年均增长率达到 5.3％。2010~2014 年增幅相对于 2007~2009 年有所减缓；2007~2014 年间，区域出口由 2007 年的 596.10 万吨增加到 2009 年的 981.18 万吨，之后又减少到 2014 年的 603.71 万吨，整体呈现先增加后减少的变化趋势。

通过图 2-2(c)可知，生物物质、区外进口、区域出口隐藏流与输入端的生物物质消耗量、区外进口量及输出端的区域出口的变化趋势相同，由于化石燃料的隐藏流系数较大，因此化石燃料的隐藏流总量是其对应消耗量的 28.93~38.07 倍；由于输入端中建筑矿物质消耗量从 2008 年的 10486.1 万吨增长到 2009 年的 35637.7 万吨，则其对应的隐藏流由 27345.4 万吨增长到 92935.3 万吨，翻了 3.4 倍。

（2）物质流评价指标分析

物质流分析评价指标包括直接物质输入（DMI）、总物质输入（TMR）、直接物质输出（DMO）、总物质输出（TMO）。

通过图 2-3（a）可以看出，2007～2014 年广东省 DMI 从 24173.89 万

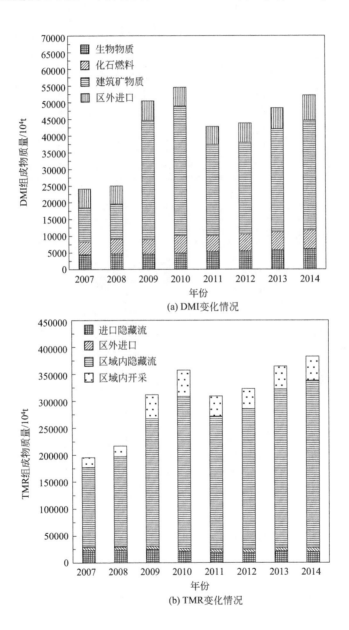

(a) DMI变化情况

(b) TMR变化情况

图 2-3

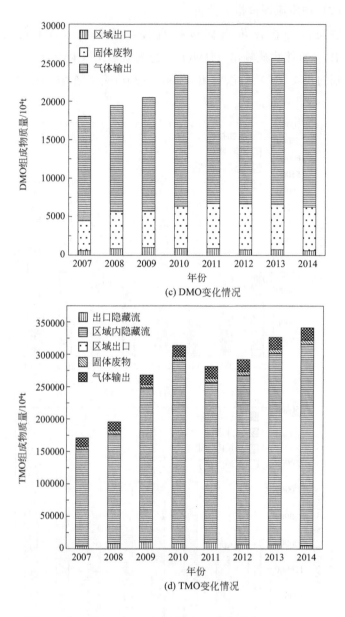

图 2-3　广东省 2007~2014 年物质流分析评价指标变化情况

吨增长到 52175.08 万吨，年均增长率为 11.62%，DMI 主要由建筑矿物质构成，建筑矿物质所占比例由 2007 年的 41.56% 增长到 2010 年的 71.17%，主要原因是房地产行业发展迅猛，导致建筑矿物质需求猛增。

　　通过图 2-3(b) 可以看出，区域内隐藏流在 TMR 中占据着绝对主导地位，所占比例范围为 76.02%~81.18%，主要原因是区域内隐藏流中化石燃料对应的隐藏流系数较大，也就是说开采必要的化石燃料会给自然环境带来巨大的生态包袱，导致化石燃料的隐藏流所占比例较大。

通过图 2-3(c) 和（d）可知，DMO 组成成分中，气体输出所占比例最大，最大达到 75.66%，TMO 组成成分中，区域内隐藏流所占比例范围是 86.98%～90.98%。

综上所述，结合循环经济的理论基础和本质要求，减少区域内开采量，特别是化石燃料的开采量。这样，既可以减少总物质输入和总物质输出中区域内隐藏流的量，还可以减少直接物质输出中的气体输出，对当地循环经济的发展起到举足轻重的作用。

参考文献

[1] 毕军，黄和平，袁增伟，等．物质流分析与管理 [M]．北京：科学出版社，2009：25-29.

[2] 陈效述，赵婷婷，郭玉泉，等．中国经济系统的物质输入与输出分析 [J]．北京大学学报（自然科学版），2003，39（4）：538-547.

[3] 董家华，高成康，陈志良，等．环境友好的物质流分析与管理 [M]．北京：化学工业出版社，2013：47-54.

[4] 鞠美庭，盛连喜．产业生态学 [M]．北京：高等教育出版社，2008.

[5] 林锡雄．台湾物质流之建置与应用研究初探 [D]．台北：中原大学，2001.

[6] 刘刚，沈镭．中国生物质能源的定量评价及其地理分布 [J]．自然资源学报，2007（1）：9-19.

[7] 王青，丁一，等．中国铁矿资源开发中的生态包袱 [J]．资源科学，2005，27（1）：2-7.

[8] 杨晨．基于 MFA 和 DEA 的辽宁省环境经济系统分析 [D]．大连：东北财经大学，2013.

[9] 姚星期．基于物质流核算的浙江省循环经济研究 [D]．北京：北京林业大学，2009.

[10] 张雪源．基于 MFA 的辽宁省可持续发展研究 [D]．大连：东北财经大学，2012.

[11] Zhou Z F, Sun Y L, et al. Preliminily study on regional material flow analysis of Chengtang District in Qingdao China [J]. Ecological Economy, 2006, 2 (1): 89-98.

[12] 房科靖．基于 MFA-SD 的区域循环经济评价分析及仿真研究 [D]．沈阳：东北大学，2017.

[13] 魏佑轩．基于物质流对中国磷元素代谢的时空特征分析 [D]．沈阳：东北大学，2017.

[14] 张孟辉．基于 SFA 对典型区域环境负荷的源解析 [D]．沈阳：东北大学，2017.

第 3 章

物质流的模型仿真技术

3.1 系统动力学简介

3.1.1 系动力学概念及模型特点

系统动力学（system dynamics，SD）是系统科学理论与计算机仿真紧密结合，研究系统反馈结构与行为的一门科学，是系统科学与管理科学的一个重要分支。

系统动力学认为，系统的行为模式与特征主要取决于其内部的结构。反馈是指 X 影响 Y，Y 通过一系列的因果链反过来影响 X，但我们不能孤立地分析 X 与 Y 或 Y 与 X 的联系来分析系统最终的行为，只有把整个系统作为一个反馈系统才能得出正确的结论。

系统动力学的模型有下列主要特点：

① 系统动力学可以用来探究和解决多参数、多层次、多回路、巨复杂系统的问题，它可以从宏观和微观两个层面上分别对系统进行综合分析。

② 模型可以容纳大量的变量，系统动力学模型的变量容量要大大超过其他分析模型。

③ 系统解决的主要问题是开放型问题，系统的行为方式和特征是由内部逻辑关系与反馈机制所决定的。

④ 系统动力学模型能够有效地模拟实际系统，通过推理评价等方式对系统进行分析，不仅能够发挥人的主观性，还能够通过电脑的辅助功能对实际系统进行分解处理，通过人与电脑的互相配合，可以得出较为科学、合适的决策方案。

3.1.2 系统动力学模型的基本要素

系统动力学模型基本要素包含因果关系图、存量流量图、方程和仿真平台 4 个方面。

（1）因果关系图

它是借助直观的图形定性地展示系统内部各要素之间的逻辑关系，包括正、负两种不同反馈的影响关系；是表示系统内部反馈关系的重要工具，主要是在绘制存量流量图和建立系统仿真模型之前使用。

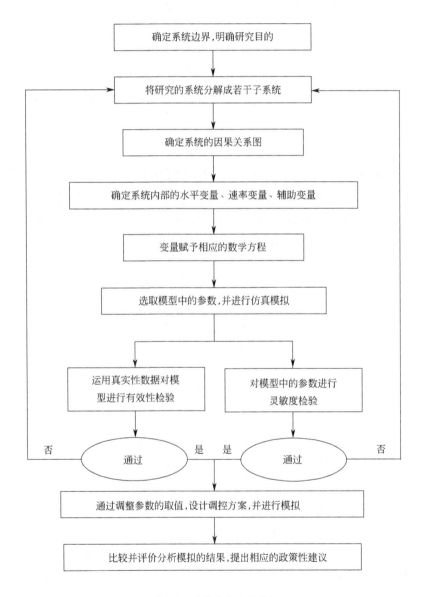

图 3-1　建模基本步骤流程

（2）存量流量图

存量流量图是对因果关系图的进一步细化和描述。虽然因果关系图能展示系统内部各反馈要素的基本反馈情况，却不能反映系统变量之间的特点，而且不同变量对系统产生的作用完全不同。存量流量图则可以用更加直观的符号确定系统的反馈方式和控制规律，还可以表示系统内各要素之间的逻辑联系。存量流量图中主要包括水平变量、速率变量、辅助变量和常量。

（3）方程

设立系统动力学方程的根本目的是将系统内各要素之间的逻辑关系进行定量化，系统动力学模型主要有水平方程、速率方程、表函数和常量四种方程。

（4）仿真平台

仿真平台是为了模拟出所研究问题的变化趋势，把相关参数的值录入所设计的系统动力学模型及相应公式内并进行调控。根据研究目的，研究人员可通过改变各个参数，设计出各种调控方案，借助仿真平台进行模拟，为决策提供可靠的依据。

3.1.3 系统动力学的建模步骤

系统动力学一般建模的步骤如图 3-1 所示。

3.2 MFA-SD 模型理论及建构

MFA-SD 模型理论，就是把物质流分析方法与系统动力学理论结合起来，用于区域循环经济评价分析。

MFA-SD 耦合模型见图 3-2。

MFA-SD 耦合模型是利用系统动力学理论，把物质流分析评价指标中的直接物质输入、总物质输入、隐藏流或非直接流、直接物质输出、总物质输出与物质流分析强度效率指标中的人均直接物质输入、总物质输入、直接物质输出、总物质输出、万元 GDP 直接物质输入、万元 GDP 总物质输入、万元 GDP 直接物质输出、万元 GDP 总物质输出联系起来，形成一个区域循环经济评价模型。

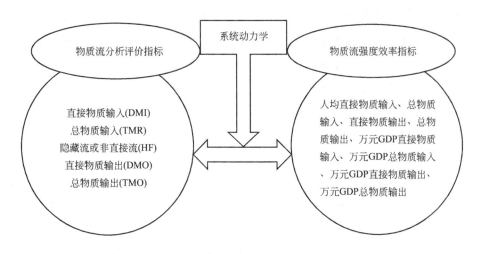

图 3-2 MFA-SD 耦合模型

3.2.1 MFA-SD 模型指标的选取

区域循环经济是社会经济系统不断发展的重要载体,区域循环经济水平的高低将决定社会经济系统运行的质量和效率,也影响着区域自然环境的质量状况。因此,如何建立一套科学合理的评价指标体系,并对区域循环经济状况进行综合评价是当前社会经济和生态环境领域重要的研究内容。本章将结合物质流分析评价指标和强度效率指标,建立一套新的区域循环经济评价指标体系,并利用系统动力学的方法,将建立的区域循环经济评价指标体系中的指标有机结合起来,形成区域循环经济评价的 MFA-SD 仿真模型。

有关区域循环经济评价的探讨一直是研究的热点问题,学者和相关政府部门为构建科学合理的区域循环经济评价指标体系付出了巨大的努力,但是从研究现状看,评价体系的构建角度各不相同,原理也大相径庭,究竟孰好孰差难以辨别;又由于许多指标难以获得准确的数据,导致研究往往局限于理论上的探讨,而没有相关实证的分析。为解决之前研究存在的难题,本书在借鉴国内外已有区域循环经济评价文献的基础上,从循环经济的本质和运行机理出发,结合物质流分析评价指标和强度效率指标,提出了符合我国国情的区域循环经济评价指标体系,并以广东省为例进行相关实证分析,力图由点及面,为我国建立区域循环经济发展评价体系提供参考。

3.2.1.1 指标体系构建的基本原则

评价指标体系是由一系列相互联系、相互制约的指标组成的结构复杂的整体，能够较准确地反映研究对象某一方面的变化对整体产生的影响。因此，科学合理的评价指标体系既是对系统进行准确评价的保证和基础，也是对系统的发展方向进行正确引导的重要工具。

构建区域循环经济指标体系时应遵循以下原则。

（1）系统科学性原则

区域循环经济是一项复杂的系统工程，既涉及资源输入和环境输出，也与社会经济系统的发展密切相关，指标体系的建立应符合区域循环经济的客观规律，指标需具有一定的科学内涵，并且能够真实反映研究对象的现状和发展趋势，还可以客观全面地表达区域循环经济各个方面的状况，形成一个层次分明的整体。

（2）系统可比性原则

确定的指标要具有时间上的可比性，采用不同时间的数据计算得到的结果可以直接进行比较；要具有空间上的可比性，不同地方的计算结果可以直接进行比较；同时要满足相关指数的内涵具有一致性。

（3）系统简明性原则

理论上讲，构建的指标越多、越细、越全面，反映的客观现实也越准确。但是，随着指标数量的增加，数据收集和加工处理的工作量也会成倍增长，而且指标划分得越细，指标之间免不了会发生重叠、相互对立的现象，反而给分析评价带来不必要的麻烦。因此，指标体系需要内容简单准确且具有代表性，指标体系中的指标数量不宜过多，在相对比较完备的情况下指标应尽可能的简明。

（4）系统层次性原则

区域循环经济系统的评价指标体系肯定是错综复杂的，要对其加以定性以及定量化研究，在设计指标体系时就必须使指标之间具有层次性，本书中将区域循环经济评价指标体系分成目标层、基准层、指标层三个层次。

3.2.1.2 指标体系框架

参考相关区域循环经济综合评价的文献并结合循环经济的特点和概念，将循环经济系统分为四个子系统，即社会经济子系统、资源消耗子系统、强度效率子系统、环境影响子系统，分别进行指标体系框架的构建。

① 社会经济指标主要反映人口数量和经济发展水平，循环经济的目的是要在人口数量正常增长的情况下，社会经济能保持较高速度的增长。

② 资源消耗指标主要反映社会经济发展对区域资源的消耗利用情况和区域物质输入状况，以及物质输入对环境造成的影响。

③ 强度效率指标主要反映区域资源利用效率和环境效率，结合资源消耗情况，以人均物质输入、输出、万元 GDP 输入、输出表示该地区的强度效率情况，以及对循环经济的影响。

④ 环境影响指标主要反映废弃物的排放情况。

为此，区域循环经济评价指标体系将分别根据以上四个子系统的特点和需求，按层次和结构分类，进行指标的选取。框架图如图 3-3 所示。

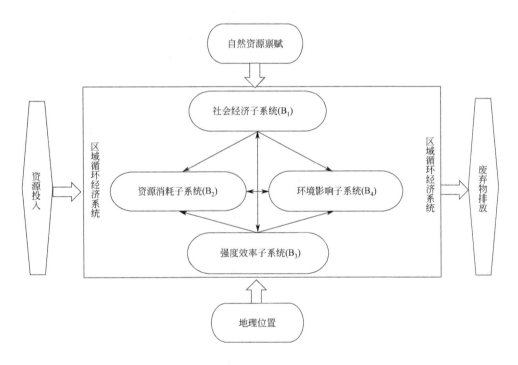

图 3-3　区域循环经济综合评价体系框架图

3.2.1.3　指标体系的具体组成

根据构建指标体系的基本原则，充分考虑循环经济的目标和特点，确定各子系统的具体指标。评价指标如表 3-1 所列。

表 3-1　基于 MFA-SD 的区域循环经济评价指标

	基准层(B)	指标层(C)	单位
区域循环经济综合评价指数(A)	社会经济子系统(B_1)	出生率(C_1)	‰
		死亡率(C_2)	‰
		第一产业增长率(C_3)	%
		第二产业增长率(C_4)	%
		第三产业增长率(C_5)	%
	资源消耗子系统(B_2)	化石燃料消耗量(C_6)	10^4t
		生物质消耗量(C_7)	10^4t
		建筑矿物质消耗量(C_8)	10^4t
		隐藏流总量(C_9)	10^4t
	强度效率子系统(B_3)	万元 GDP 直接物质输入(C_{10})	t
		万元 GDP 总物质输入(C_{11})	t
		万元 GDP 直接物质输出(C_{12})	t
		万元 GDP 总物质输出(C_{13})	t
		人均直接物质输入(C_{14})	t
		人均总物质输入(C_{15})	t
		人均直接物质输出(C_{16})	t
		人均总物质输出(C_{17})	t
	环境影响子系统(B_4)	工业废气排放量(C_{18})	10^4t
		固体废物排放量(C_{19})	10^4t
		COD 排放量(C_{20})	10^4t

（1）社会经济子系统

社会经济子系统的指标主要涉及人口和经济，选取出生率、死亡率、第一产业增长率、第二产业增长率、第三产业增长率为指标。

（2）资源消耗子系统

资源消耗子系统的指标主要涉及物质流分析中的输入部分，选取化石燃料消耗量、生物质消耗量、建筑矿物质消耗量、隐藏流总量为指标。

（3）强度效率子系统

强度效率子系统的指标主要包括物质流分析指标中的强度和效率指标，选取万元 GDP 直接物质输入、万元 GDP 总物质输入、万元 GDP 直接物质输出、万元 GDP 总物质输出、人均直接物质输入、人均总物质输入、人均直接物质输出、人均总物质输出为指标。

（4）环境影响子系统

环境影响子系统的指标主要涉及物质流分析中的输出部分，这里选取工业废气排放量、固体废物排放量、COD 排放量为指标。

3.2.2　MFA-SD 模型的构建

3.2.2.1　建模思路

根据区域循环经济评价体系将 MFA-SD 模型分为社会经济子系统、资源消耗子系统、强度效率子系统和环境影响子系统四个子系统。

具体建模思路如下：

① 首先确定研究的对象和系统边界，把整个大的系统分为四个子系统，根据各子系统及各子系统内部指标之间的相互关系初步确定各子系统的因果关系图。

② 通过对各子系统变量之间相互作用关系的分析和初步的因果关系图，将系统中的变量分别确定为水平变量、速率变量、辅助变量和常量，并通过系统动力学软件（Vensim）里面的专用符号和绘图功能将变量间的关系描绘成存量流量图。

③ 将四个子系统的存量流量图整合成总模型的存量流量图，通过系统动力学软件的公式编辑器为模型中的每个变量赋予数学方程式。

④ 方程式输入完毕后，对整个模型进行调试检验，检验分为有效性检验和灵敏度检验，对运行得到的模拟数据与真实数据进行比较，若模拟得到的数据与真实数据误差很大，则证明模型的有效性不够，需要对整个系统的参数进行调整，然后进行多次运行，直到模拟结果与真实值基本吻合（误差≤10%），表明模型具有较高可信度，并可以对模型进行仿真模拟。

3.2.2.2　模型参数选取方法

在模型的建立过程中，需要对系统内部的变量赋予数学方程式；赋予数学方程式的过程中，参数的选择和确定是比较重要的一步，参数通常包括表函数、常量以及初始值等。

确定各参数的主要原则有以下几项：

① 从国家和地方发布的统计年鉴和相关政府网站获得历史数据，并利用数学知识，例如采用平均值、估算等对数据进行整理和预测。

② 从其他系统动力学相关文献中得到相关参数。

③ 通过模拟得出的数据和真实数据进行比较，不断修改相关参数，使结果更符合实际情况。

3.2.2.3 模型总因果关系图

模型主要包括社会经济子系统、资源消耗子系统、强度效率子系统、环境影响子系统，这四个子系统之间相互制约、相互作用，构成了一个复杂的大系统，区域循环经济不仅依赖于各子系统内部的协调发展，更取决于各子系统之间的协调程度。

MFA-SD 模型总因果关系如图 3-4 所示。

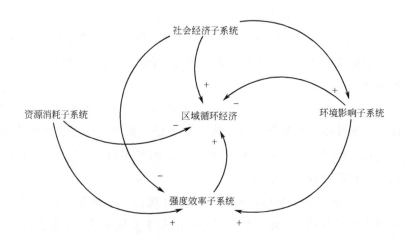

图 3-4 MFA-SD 模型总因果关系

通过图 3-4 模型总因果关系图可看出，社会经济子系统、资源消耗子系统、强度效率子系统、环境影响子系统四个子系统之间、四个子系统与区域循环经济之间均存在正负反馈关系；社会经济子系统与区域循环经济、环境影响子系统之间存在正反馈关系，与强度效率子系统成负反馈关系；资源消耗子系统与区域循环经济成负反馈，与强度效率子系统成正反馈；强度效率子系统与区域循环经济成正反馈；环境影响子系统与区域循环经济成负反馈，与强度效率子系统成正反馈。

3.2.3 模型子系统的构建

3.2.3.1 社会经济子系统存量流量图和动力学方程

社会经济子系统主要包括人口和经济两个方面，人口是制约循环经济发展的关键因素。从提供社会劳动力和拉动消费的角度来看，人口越多越好，越有利于当地经济的发展；当人口达到一定规模之后，人口继续增加给社会带来的经济负担、环境压力也就越大，产生一系列的社会问题、经济问题和环境污染问题会影响循环经济的发展；经济是其他子系统发展和完善的物质和资金基础，是社会发展的动力。社会的发展依赖于经济的发展；对人类社会发展而言，没有经济的发展，资源与环境也就失去了它们的社会功效。

人口总量主要受人口增长数和人口死亡数的影响，而人口增长数与人口死亡数均取决于出生率和死亡率。经济主要由 GDP 总量来表示，GDP总量由第一产业、第二产业、第三产业产值构成，三大产业的增长率决定了三大产业的产值，根据广东省的实际情况并在已确定的指标体系的基础上建立社会经济子系统存量流量图（见图 3-5）和赋予系统方程。

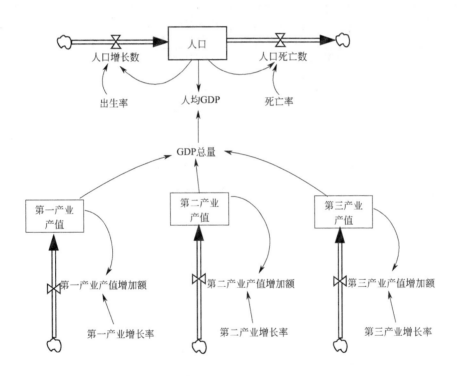

图 3-5　社会经济子系统存量流量图

根据图 3-5 可知，社会经济子系统共包括四个水平变量、五个速率变量、五个常量、两个辅助变量。

系统方程及相关参数见表 3-2。

表 3-2　社会经济子系统方程及参数

变量	单位	类型	方程及参数
人口	万人	水平变量	INTEG［(人口增长数－人口死亡数)(8156.05)］
人口增长数	万人/年	速率变量	人口×出生率
出生率	‰	常量(平均值)	0.011285
人口死亡数	万人/年	速率变量	人口×死亡率
死亡率	‰	常量(平均值)	0.004541
GDP 总量	亿元	辅助变量	第一产业产值＋第三产业产值＋第二产业产值
人均 GDP	亿元/万人	辅助变量	GDP 总量/人口
第一产业产值	亿元	水平变量	INTEG［(第一产业产值增加额)(1695.57)］
第一产业产值增加额	亿元	速率变量	第一产业产值×第一产业增长率
第一产业增长率	%	常量(平均值)	0.0948
第二产业产值	亿元	水平变量	INTEG［(第二产业产值增加额)(16004.6)］
第二产业产值增加额	亿元	速率变量	第二产业产值×第二产业增长率
第二产业增长率	%	常量(平均值)	0.1024
第三产业产值	亿元	水平变量	INTEG［(第三产业产值增加额)(14076.8)］
第三产业产值增加额	亿元	速率变量	第三产业产值×第三产业增长率
第三产业增长率	%	常量(平均值)	0.1309

（1）水平变量

人口、第一产业产值、第二产业产值、第三产业产值。

（2）速率变量

人口增长数、人口死亡数、第一产业产值增加额、第二产业产值增加额、第三产业产值增加额。

（3）常量

出生率、死亡率、第一产业增长率、第二产业增长率、第三产业增长率。

（4）辅助变量

人均 GDP、GDP 总量。

3.2.3.2　资源消耗子系统存量流量图和动力学方程

资源是自然界能够被人类所利用的物质的总和，它是人类生存和获取生产资料的重要来源。自然资源主要包括土地资源、水资源、生物资源和矿产资源等，资源消耗子系统主要由第 3 章物质流核算输入端中的生物物质、化石燃料、建筑矿物质和隐藏流总量构成；社会的发展必然要消耗资源，传统的发展模式中资源的高消耗导致污染物的高排放。循环经济就是要在保证经济正常增长的情况下，资源的消耗量尽量降到最低。

生物物质、化石燃料、建筑矿物质均与其对应的增长量有关，增长量取决于年均增长率；隐藏流总量由区域内隐藏流、进口隐藏流、出口隐藏流组成。根据第 3 章物质流输入端的核算和在第 4 章已确定的指标体系的基础上建立资源消耗子系统存量流量图（见图 3-6）和赋予系统方程。

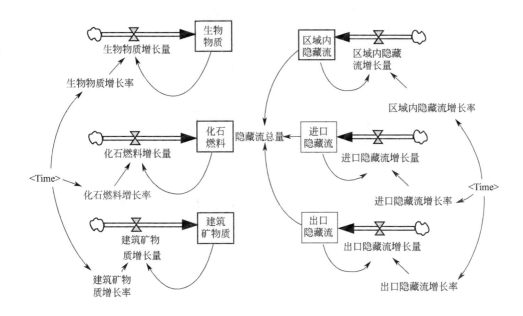

图 3-6　资源消耗子系统存量流量图（图中〈…〉为软件预定值，后同）

根据图 3-6 可知，资源消耗子系统共包括六个水平变量、六个速率变量、一个辅助变量、六个表函数。

系统方程及相关参数见表 3-3。

表 3-3　资源消耗子系统方程及参数

变量	单位	类型	方程及参数
生物物质	10^4 t	水平变量	INTEG［(生物物质增长量)(4448.32)］
生物物质增长量	10^4 t	速率变量	生物物质×生物物质增长率
生物物质增长率	%	表函数	WITHLOOKUP［(Time){［(2007,−0.2)−(2022,0.3)］,(2007,0.0618705),(2008,−0.0265691),(2009,0.0558281),(2010,0.0964398),(2011,0.0338028),(2012,0.0557619),(2013,0.0539304),(2022,0.06)}］

变量	单位	类型	方程及参数
化石燃料	10^4 t	水平变量	INTEG[（化石燃料增长量）(3923.53)]
化石燃料增长量	10^4 t	速率变量	化石燃料×化石燃料增长率
化石燃料增长率	％	表函数	WITHLOOKUP[（Time）｛[（2007，－0.2）－（2022，0.3）]，（2007，0.125158），（2008，－0.0051511），（2009，0.199697），（2010，－0.0801174），（2011，0.049953），（2012，0.0647727），（2013，0.0324943），（2022，0.1）｝]
建筑矿物质	10^4 t	水平变量	INTEG[（建筑矿物质增长量）(10046.1)]
建筑矿物质增长量	10^4 t	速率变量	建筑矿物质×建筑矿物质增长率
建筑矿物质增长率	％	表函数	WITHLOOKUP[（Time）｛[（2007，－0.5）－（2022，3）]，（2007，0.0437971），（2008，2.39857），（2009，0.0898571），（2010，－0.299325），（2011，0.00722233），（2012，0.124061），（2013，0.0676104），（2022，0.455186）｝]
隐藏流总量	10^4 t	辅助变量	出口隐藏流＋区域内隐藏流＋进口隐藏流
区域内隐藏流	10^4 t	水平变量	INTEG[（区域内隐藏流增长量）(148715)]
区域内隐藏流增长量	10^4 t	速率变量	区域内隐藏流×区域内隐藏流增长率
区域内隐藏流增长率	％	表函数	WITHLOOKUP[（Time）｛[（2007，－1）－（2022，1）]，（2007，0.129311），（2008，0.411375），（2009，0.187997），（2010，－0.121941），（2011，0.0537355），（2012，0.13136），（2013，0.054019），（2022，0.1613）｝]
进口隐藏流	10^4 t	水平变量	INTEG[（进口隐藏流增长量）(22744.6)]
进口隐藏流增长量	10^4 t	速率变量	进口隐藏流×进口隐藏流增长率
进口隐藏流增长率	％	表函数	WITHLOOKUP[（Time）｛[（2007，－1）－（2022，1）]，（2007，0.0377039），（2008，0.0308238），（2009，－0.124777），（2010，－0.11091），（2011，－0.0116003），（2012，0.13532），（2013，－0.0655004），（2022，－0.0155629）｝]
出口隐藏流	10^4 t	水平变量	INTEG[（出口隐藏流增长量）(4203.58)]
出口隐藏流增长量	10^4 t	速率变量	出口隐藏流×出口隐藏流增长率
出口隐藏流增长率	％	表函数	WITHLOOKUP（Time）｛[（2007，－1）－（2022，1）]，（2007，0.975685），（2008，0.270643），（2009，－0.176216），（2010，0.0547354），（2011，－0.295468），（2012，0.005011），（2013，－0.224004），（2022，0.0871981）｝

（1）水平变量

生物物质、化石燃料、建筑矿物质、区域内隐藏流、进口隐藏流、出口隐藏流。

（2）速率变量

生物物质增长量、化石燃料增长量、建筑矿物质增长量、区域内隐藏流增长量、进口隐藏流增长量、出口隐藏流增长量。

（3）辅助变量

隐藏流总量。

（4）表函数

生物物质增长率、化石燃料增长率、建筑矿物质增长率、区域内隐藏流增长率、进口隐藏流增长率、出口隐藏流增长率。

3.2.3.3　强度效率子系统存量流量图和动力学方程

强度效率子系统主要由物质流分析指标中的强度效率指标构成，用于衡量经济系统人均或万元 GDP 的资源消耗量，主要受经济总量、人口基数、经济结构、消费结构和技术水平等因素的影响。万元 GDP 的资源消耗量越低，越有利于循环经济的发展。

在物质流分析指标中的强度效率指标和在第 4 章已确定的循环经济评价指标体系的基础上建立强度效率子系统存量流量图（见图 3-7）。

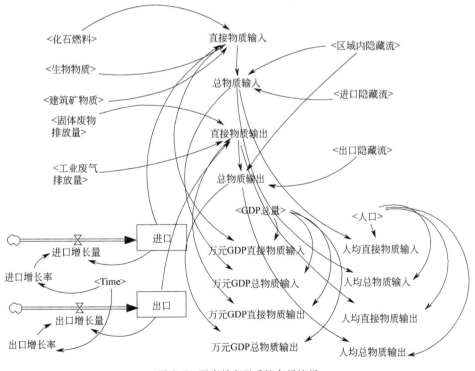

图 3-7　强度效率子系统存量流量

根据图 3-7 可知，资源消耗子系统共包括两个水平变量、两个速率变量、十二个辅助变量、两个表函数。系统方程及相关参数见表 3-4。

表 3-4　强度效率子系统方程及参数

变量	单位	类型	方程及参数
进口	10^4 t	水平变量	INTEG［(进口增长量)(5755.94)］
进口增长量	10^4 t	速率变量	进口×进口增长率
进口增长率	%	表函数	WITHLOOKUP［(Time){［(2007，−1)−(2022，1)］，(2007，−0.051135)，(2008，0.0767246)，(2009，−0.046568)，(2010，−0.0364415)，(2011，0.0749748)，(2012，0.0909905)，(2013，0.193661)，(2022，0.0431724)}］
出口	10^4 t	水平变量	INTEG［(出口增长量)(596.1)］
出口增长量	10^4 t	速率变量	出口×出口增长率
出口增长率	%	表函数	WITHLOOKUP［(Time){［(2007，−1)−(2022，1)］，(2007，0.41384)，(2008，0.164205)，(2009，−0.125257)，(2010，0.0329729)，(2011，−0.198279)，(2012，0.00538837)，(2013，−0.155201)，(2022，0.0196669)}］
直接物质输入	10^4 t	辅助变量	化石燃料+建筑矿物质+生物物质+进口
总物质输入	10^4 t	辅助变量	直接物质输入+区域内隐藏流+进口隐藏流
直接物质输出	10^4 t	辅助变量	出口+固体废弃物排放量+工业废气排放量
总物质输出	10^4 t	辅助变量	出口隐藏流+区域内隐藏流+直接物质输出
万元 GDP 直接物质输入	t/万元	辅助变量	直接物质输入/GDP 总量
万元 GDP 总物质输入	t/万元	辅助变量	总物质输入/GDP 总量
万元 GDP 直接物质输出	t/万元	辅助变量	直接物质输出/GDP 总量
万元 GDP 总物质输出	t/万元	辅助变量	总物质输出/GDP 总量
人均直接物质输入	t/人	辅助变量	直接物质输入/人口
人均总物质输入	t/人	辅助变量	总物质输入/人口
人均直接物质输出	t/人	辅助变量	直接物质输出/人口
人均总物质输出	t/人	辅助变量	总物质输出/人口

（1）水平变量

进口、出口。

（2）速率变量

进口增长量、出口增长量。

（3）辅助变量

直接物质输入、总物质输入、直接物质输出、总物质输出、万元

GDP 直接物质输入、万元 GDP 总物质输入、万元 GDP 直接物质输出、万元 GDP 总物质输出、人均直接物质输入、人均总物质输入、人均直接物质输出、人均总物质输出。

（4）表函数

进口增长率、出口增长率。

3.2.3.4　环境影响子系统存量流量图和动力学方程

总体上来看，环境影响子系统主要承载着两项主要功能：一是承纳上述几个子系统排放的污染废弃物；二是为社会经济子系统提供空间支持。环境影响子系统由"三废"模块组成。其中以工业废气排放量、固体废物排放量和 COD 排放量作为环境子系统的水平变量，以工业废气增长量、固体废物增长量和 COD 增长量作为速率变量，通过将亿元工业废气产生率、亿元固体废物产生率和亿元 COD 产生率等表函数与第二产值的关系作为接口，将社会经济子系统和环境影响子系统连接起来。在循环经济评价指标的基础上，建立环境影响子系统存量流量图（见图 3-8）。

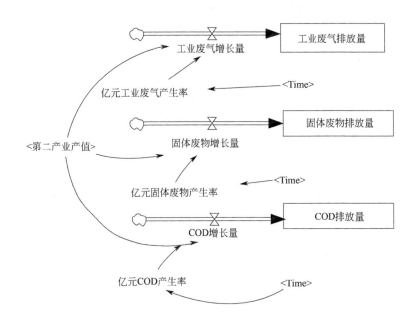

图 3-8　环境影响子系统存量流量图

由图 3-8 可知，资源消耗子系统共包括三个水平变量、三个速率变量、三个表函数。系统方程及相关参数见表 3-5。

表 3-5 环境影响子系统方程及参数

变量	单位	类型	方程及参数
工业废气排放量	10^4 t	水平变量	INTEG[（工业废气增长量)(13603.4)]
工业废气增长量	10^4 t	速率变量	第二产业产值×亿元工业废气产生率
亿元工业废气产生率	%	表函数	WITHLOOKUP[(Time){[(2007,－1)－(2022,1)],(2007,0.0120815),（2008,0.052323),（2009,0.117859),（2010,0.0608235),(2011,－0.00323594),(2012,0.022271),(2013,0.0182609),(2022,0.0400548)}]
固体废物排放量	10^4 t	水平变量	INTEG[（固体废物增长量)(3852.4)]
固体废物增长量	10^4 t	速率变量	第二产业产值×亿元固体废物产生率
亿元固体废物产生率	%	表函数	WITHLOOKUP[(Time){[(2007,－1)－(2022,1)],(2007,0.0612698),(2008,－0.00498319),(2009,0.0369836),(2010,0.017216),(2011,0.00446086),(2012,－0.00196774),(2013,－0.00850894),(2022,0.0149244)}]
COD 排放量	10^4 t	水平变量	INTEG[(COD 增长量)(101.7)]
COD 增长量	10^4 t	速率变量	第二产业产值×亿元 COD 产生率
亿元 COD 产生率	%	表函数	WITHLOOKUP[(Time){[(2007,－1)－(2022,2)],(2007,－0.000333654),(2008,－0.00028321),(2009,－0.000273034),(2010,0.00449615),(2011,－0.000312452),(2012,－0.000253309),(2013,－0.000218319),(2022,0.0004032)}]

（1）水平变量

工业废气排放量、固体废物排放量、COD 排放量。

（2）速率变量

工业废气增长量、固体废物增长量、COD 增长量。

（3）表函数

亿元工业废气产生率、亿元固体废物产生率、亿元 COD 产生率。

3.2.3.5 MFA-SD 模型系统总存量流量图

MFA-SD 模型结合了物质流核算中输入端、输出端、物质流分析指标中的强度效率指标和第 4 章建立的 20 个区域循环经济评价指标，将 20 个区域循环经济评价指标整合到各个子系统模型中，并将 4 个子系统有机结合起来，形成了一个较为完整的循环经济仿真模型。

社会经济子系统中的第二产业产值是导致工业废气、固体废物产生的主要原因。因此，该子系统通过第二产业产值变量与环境影响子系统中的工业废气增长量、固体废物增长量和 COD 增长量等变量的因果反馈关系关联起来。

强度效率子系统中的直接物质输入等于资源消耗子系统中的生物物

质、化石燃料、建筑矿物质、区外进口的总和。因此，强度效率子系统通过生物物质消耗量、化石燃料消耗量、建筑矿物质消耗量、区外进口等变量与资源消耗子系统关联起来。

强度效率子系统中的直接物质输出等于工业废气排放量、固体废物排放量、区域出口的总和。因此，强度效率子系统通过工业废气排放量、固体废物排放量、区域出口与环境效率子系统关联起来。同时，强度效率子系统中的万元/人均直接物质输入等于直接物质输入量与当年对应的人口、GDP 总量的比值。因此，社会经济子系统通过人口、GDP 总量等变量与强度效率子系统关联起来。所以，通过指标与指标之间的内部关系将四个子系统紧密地联系起来。

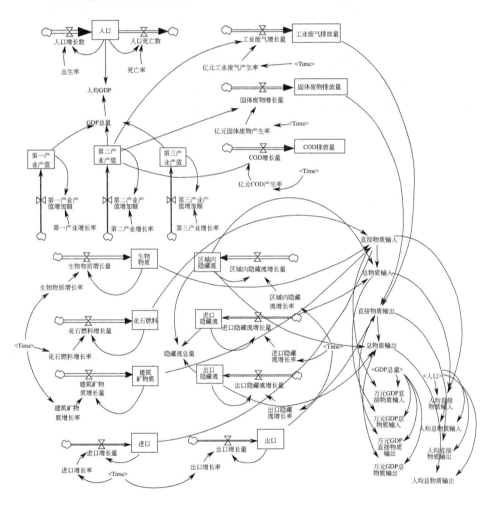

图 3-9　系统总存量流量图

模型系统总存量流量图由 15 个水平变量、16 个速率变量、5 个常量、14 个辅助变量、11 个表函数组成，共包含 61 个数学方程式。系统总存量流量见图 3-9。

3.3 基于 MFA-SD 模型的循环经济评价分析

3.3.1 模型检验

模型的检验是系统动力学模型构建的重要环节。它可以发现模型参数的选取或者结构上存在的问题，进而不断完善模型，使得建立的系统模型更为合理和准确，可以更全面地反映出系统的本质。所以本节将针对区域循环经济系统动力学模型进行有效性检验和灵敏度分析。

（1）模型有效性检验

系统动力学模型建立之后，为确保模型运行结果与客观实际相符合，围绕模型构建的目的，需要对模型的有效性进行检验，它是对模型运行效果的实际反映，可检验模拟出的结果是否与实际值相符合。运用历史回顾性检验法，把模型运行的模拟值和实际统计的历史值相对比，检验年为

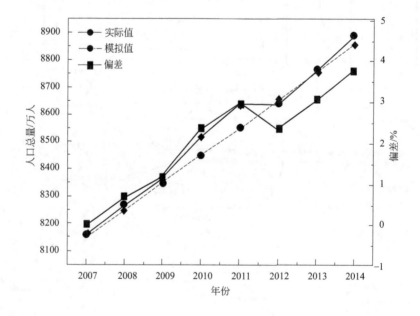

图 3-10 人口总量有效性检验

2007～2014 年，由于模型输出的变量众多，仅选取具有代表性的人口总量和 GDP 总量，对模型的运行结果进行有效性检验，如图 3-10 和图 3-11所示。

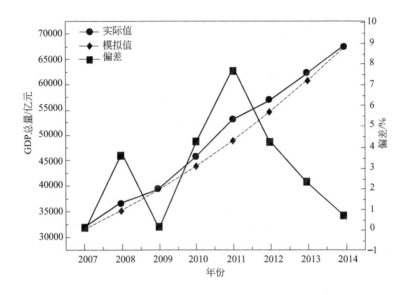

图 3-11　GDP 总量有效性检验

检验结果表明，模拟值与实际值的变化趋势保持一致，且模型的仿真模拟值与历史值的绝对值的误差不超过 10%，因此建立的系统动力学模型具有较高的可信度和实用性，适合进行区域循环经济趋势分析和多方案情景分析。

（2）模型灵敏度分析

系统动力学所研究的对象十分复杂，对于定性因素的量化往往具有一定的主观性和不确定性。而应用方程描述的参数与参数之间的关系往往过于简单，灵敏度检验的主要任务就是研究主观性和不确定性对系统总体行为的影响程度。灵敏度检验就是通过改变模型中的参数，然后运行模型，比较输出的因变量的变化程度，若因变量变化程度较大（灵敏度 S 值<1），表明模型对参数变化的反应是灵敏的。因此，借助该模型进行仿真模拟所得到的结果能较好地反映现实情况，适合用于区域循环经济系统的趋势行为分析和多方案的情景分析。灵敏度 S 分析公式为：

$$S(t) = \frac{\Delta Y(t)/Y(t)}{\Delta X(t)/X(t)} \qquad\qquad (3\text{-}1)$$

式中　t——时间；

$X(t)$——参数 X 在 t 时刻的值；

$Y(t)$——状态变量 Y 在 t 时刻的值；

$\Delta Y(t)$——状态变量 Y 在 t 时刻的增长量；

$\Delta X(t)$——参数 X 在 t 时刻的增长量。

下面以出生率、第一产业增长率、第二产业增长率、第三产业增长率 4 个参数进行灵敏度检验，出生率增加 1‰，第一产业、第二产业、第三产业增长率增加 1%。计算结果见表 3-6。

表 3-6　参数变化的灵敏度

参数	出生率	第一产业增长率	第二产业增长率	第三产业增长率
灵敏度	0.16	0.22	0.25	0.28

结果表明所有参数的 S 值均<1，可以证明系统具有较好的灵敏度。

3.3.2　模型仿真方案设计与分析

这里以广东省为实例研究对象，选取社会经济子系统、资源消耗子系统、强度效率子系统以及环境影响子系统，分别从这些子系统中选择不同的变量进行任意组合，形成多种模式，并进行模拟仿真，通过比较系统模拟仿真的结果，分析并比较不同模式组合下的仿真结果，可以为广东省未来循环经济的发展提供参考和政策性建议。

系统动力学模型可以对过去时间段做模拟分析，如果将时间段延伸至未来几年，就可以对系统的未来做预测分析。循环经济的总目标是：实现资源的"减量化""再利用""资源化"，然而由于区域循环经济发展受多方面因素的影响，所以综合考虑各单项因素对整个系统动态行为的影响比仅仅考虑单项因素的更具有参考价值，也更贴近实际情况。

调控变量要选取模型中的因变量，为此选取出生率、第一产业产值增长率、第二产业产值增长率、第三产业产值增长率为调控变量，在符合实际的情况下，即要保证 GDP 增长率稳定增长的基础上，改变第一产业产值、第二产业产值、第三产业产值的增长率，广东省第二产业产值和第三产业产值在 GDP 总量中所占的比例相当，所以第二产业产值增长率与第三产业产值增长率要保证其中一个调高，则另外一个调低，才能保持 GDP 总量的稳定增长，因此，通过调整四个变量因素形成九种发展模式。各发展模式具体变量参数见表 3-7。

表 3-7 变量参数设置

变量因素	单位	模式一	模式二	模式三	模式四	模式五	模式六	模式七	模式八	模式九
出生率	‰	13.285	9.285	13.285	9.285	13.285	9.285	13.285	9.285	11.285
第一产业产值增长率	%	11.48	11.48	7.48	7.48	11.48	11.48	7.48	7.48	9.48
第二产业产值增长率	%	12.24	12.24	12.24	12.24	8.24	8.24	8.24	8.24	10.24
第三产业产值增长率	%	11.09	11.09	11.09	11.09	15.09	15.09	15.09	15.09	13.09

原则上对四个变量因素不做大的调整，每个变量按其原有单位上升或下降两个单位，四个变量组成九种模式。

3.3.3 模型的模拟与调控

3.3.3.1 仿真结果分析

根据设计的九种发展模式，将变化的参数输入第 5 章建立的 MFA-SD 模型中，通过 Vensim 模拟软件，分别进行模拟仿真，得出运行的结果，包括各区域循环经济评价体系中各指标的数值和随年份的变化趋势图，本节仅选取 GDP 总量、生物质消耗量、化石燃料消耗量、建筑矿物质消耗量、万元 GDP 总物质输入、万元 GDP 总物质输出、工业废气排放量、固体废物排放量的仿真结果进行分析。

（1）GDP 总量

GDP 总量由第一产业产值、第二产业产值、第三产业产值构成，在建立的 MFA-SD 模型仿真体系中，影响经济发展的主要变量为三个产业的增长率，在广东省的产业结构中，第二产业的影响力不容小视，在整个经济增长中长期处于主导地位。但是近几年，第三产业比重上升十分明显，增长率逐年增加，因此适度改变三个产业的比重必然会引起经济增长的变化。

九种模式模拟的 GDP 总量见表 3-8，模拟的变化趋势见图 3-12。

表 3-8 GDP 模拟仿真值　　　　　　　　　　　　　　　　　　　　单位：亿元

年份	模式一	模式二	模式三	模式四	模式五	模式六	模式七	模式八	模式九
2007	31777	31777	31777	31777	31777	31777	31777	31777	31777
2008	35492	35492	35424	35424	35415	35415	35347	35347	35419
2009	39642	39642	39493	39493	39504	39504	39355	39355	39486
2010	44278	44278	44034	44034	44104	44104	43861	43861	44027
2011	49458	49458	49102	49102	49285	49285	48929	48929	49098
2012	55245	55245	54758	54758	55122	55122	54635	54635	54764
2013	61711	61711	61070	61070	61706	61706	61065	61065	61094
2014	68935	68935	68117	68117	69137	69137	68318	68318	68167
2015	77008	77008	75982	75982	77531	77531	76505	76505	76072
2016	86027	86027	84763	84763	87018	87018	85755	85755	84908
2017	96105	96105	94567	94567	97751	97751	96212	96212	94787
2018	107367	107367	105512	105512	109900	109900	108045	108045	105835
2019	119951	119951	117734	117734	123662	123662	121444	121444	118190
2020	134014	134014	131381	131381	139262	139262	136629	136629	132010
2021	149729	149729	146620	146620	156956	156956	153847	153847	147471
2022	167291	167291	163639	163639	177039	177039	173387	173387	164772

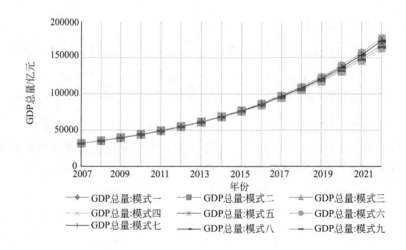

图 3-12 不同模式下 GDP 的发展趋势

　　GDP 总量可以反映出一个地区的经济发展状况，GDP 增长率可以表示一个地区的经济发展快慢程度，因此，GDP 总量越高，对循环经济的发展越有利；通过表 3-8 可知，九种模式下 GDP 总量都有不同程度的增长，到 2022 年模式五与模式六的 GDP 总量最高，可以达到 177039 亿元，而模式三与模式四的 GDP 总量最低，仅为 163639 亿元。

模拟预测 GDP 总量理想度：模式五＝模式六＞模式七＝模式八＞模式二＝模式一＞模式九＞模式三＝模式四。

（2）生物质消耗量

生物物质主要由农业类、林业类、牧业类、渔业类生物物质构成。生物质消耗量主要与人口数量、第一产业总量有关；人口数量和第一产业总量的变动，必然会引起生物质消耗量的变化。

九种模式模拟的生物质消耗量见表 3-9，模拟的变化趋势见图 3-13。

表 3-9　生物质消耗量模拟仿真值　　　　　　　　　　单位：万吨

年份	模式一	模式二	模式三	模式四	模式五	模式六	模式七	模式八	模式九
2007	4448	4448	4448	4448	4448	4448	4448	4448	4448
2008	4724	4724	4724	4724	4724	4724	4724	4724	4724
2009	4598	4598	4598	4598	4598	4598	4598	4598	4598
2010	4855	4855	4855	4855	4855	4855	4855	4855	4855
2011	5323	5323	5323	5323	5323	5323	5323	5323	5323
2012	5503	5503	5503	5503	5503	5503	5503	5503	5503
2013	5810	5810	5810	5810	5810	5810	5810	5810	5810
2014	6123	6123	6123	6123	6123	6123	6123	6123	6123
2015	6474	6475	6448	6445	6474	6474	6445	6444	6457
2016	6867	6869	6784	6774	6867	6868	6776	6771	6814
2017	7307	7311	7132	7111	7307	7310	7114	7105	7196
2018	7800	7807	7491	7454	7799	7806	7460	7444	7603
2019	8353	8365	7861	7803	8351	8362	7813	7788	8039
2020	8973	8991	8243	8158	8971	8987	8172	8136	8505
2021	9670	9695	8636	8518	9667	9689	8537	8486	9004
2022	10454	10488	9041	8881	10449	10480	8907	8839	9538

在经济快速发展的前提下，生物质消耗量越少越有利于循环经济的发展，生物质消耗量与循环经济发展为负相关关系。通过表 3-9 可知，到 2022 年，模式二的生物质消耗量最多，达到 10488 万吨；模式六的生物质消耗量为 10480 万吨，与模式二相当；模式八的生物质消耗量仅为 8839 万吨，比模式二少 1649 万吨。

模拟预测生物质消耗量理想度：模式八＞模式四＞模式七＞模式三＞模式九＞模式五＞模式一＞模式六＞模式二。

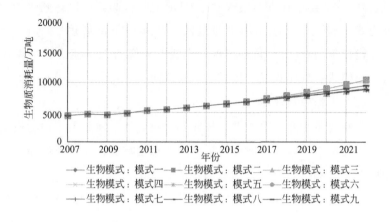

图 3-13　不同模式下生物质消耗量的发展趋势

（3）化石燃料消耗量

化石燃料主要包括原煤、原油、天然气、电力四大类，化石燃料消耗量主要与第二产业总量有关，第二产业总量的变化会引起化石燃料消耗量的变化。九种模式模拟的化石燃料消耗量见表 3-10，模拟的变化趋势见图 3-14。

表 3-10　化石燃料消耗量模拟仿真值　　　　　　　　　单位：万吨

年份	模式一	模式二	模式三	模式四	模式五	模式六	模式七	模式八	模式九
2007	3924	3924	3924	3924	3924	3924	3924	3924	3924
2008	4415	4415	4415	4415	4415	4415	4415	4415	4415
2009	4392	4392	4392	4392	4392	4392	4392	4392	4392
2010	5269	5269	5269	5269	5269	5269	5269	5269	5269
2011	4847	4847	4847	4847	4847	4847	4847	4847	4847
2012	5089	5089	5089	5089	5089	5089	5089	5089	5089
2013	5418	5418	5418	5418	5418	5418	5418	5418	5418
2014	5595	5595	5595	5595	5595	5595	5595	5595	5595
2015	5844	5838	5832	5831	5808	5808	5807	5806	5818
2016	6177	6156	6136	6134	6063	6062	6060	6056	6095
2017	6603	6559	6518	6512	6364	6361	6357	6349	6430
2018	7139	7060	6987	6977	6716	6712	6703	6689	6832
2019	7806	7678	7559	7543	7125	7119	7105	7083	7310
2020	8630	8433	8253	8228	7601	7591	7571	7537	7876
2021	9646	9356	9092	9055	8151	8137	8108	8061	8546
2022	10900	10483	10105	10054	8788	8768	8728	8663	9336

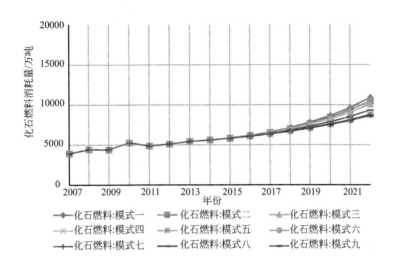

图 3-14　不同模式下化石燃料消耗量的发展趋势

化石燃料消耗量增多，带来的区域内隐藏流也就相应增多，化石燃料燃烧排放的污染物也就越多，因此化石燃料消耗量与循环经济成负相关关系；通过表 3-10 可知，到 2022 年，模式八的消耗量为 8663 万吨，仅为模式一的 79.48%。

模拟预测化石燃料消耗量理想度：模式八＞模式七＞模式六＞模式五＞模式九＞模式四＞模式三＞模式二＞模式一。

（4）建筑矿物质消耗量

建筑矿物质的消耗量主要与第二产业总量和增长率有关，第二产业增长率的变化，将会引起建筑矿物质消耗量的变化，九种模式模拟的消耗量见表 3-11，变化趋势见图 3-15。

表 3-11　建筑矿物质消耗量模拟仿真值　　　　　单位：万吨

年份	模式一	模式二	模式三	模式四	模式五	模式六	模式七	模式八	模式九
2007	10046	10046	10046	10046	10046	10046	10046	10046	10046
2008	10486	10486	10486	10486	10486	10486	10486	10486	10486
2009	35638	35638	35638	35638	35638	35638	35638	35638	35638
2010	38840	38840	38840	38840	38840	38840	38840	38840	38840
2011	27214	27214	27214	27214	27214	27214	27214	27214	27214
2012	27411	27411	27411	27411	27411	27411	27411	27411	27411
2013	30811	30811	30811	30811	30811	30811	30811	30811	30811
2014	32895	32895	32895	32895	32895	32895	32895	32895	32895

年份	模式一	模式二	模式三	模式四	模式五	模式六	模式七	模式八	模式九
2015	37155	37384	37339	37266	35852	35903	35841	35804	36535
2016	44266	45060	44905	44652	39876	40042	39838	39718	42152
2017	55479	57416	57036	56416	45241	45614	45155	44886	50448
2018	72967	77114	76294	74964	52337	53048	52173	51663	62548
2019	100483	108880	107206	104503	61714	62959	61428	60541	80245
2020	144595	161230	157879	152506	74148	76223	73673	72205	106405
2021	217024	249854	243162	232514	90740	94098	89976	87622	145674
2022	339165	404397	390929	369677	113070	118409	111862	108156	205709

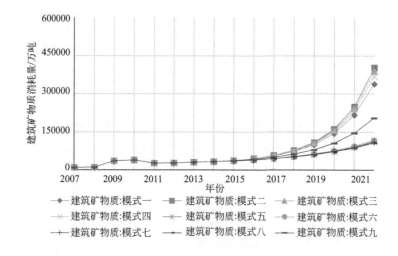

图 3-15　不同模式下建筑矿物质消耗量的发展趋势

　　建筑矿物质消耗量增多，引起的区域内隐藏流也就相应增多，成为自然环境和生态系统的生态包袱，因此建筑矿物质消耗量与循环经济成负相关关系；通过表 3-11 可知，到 2022 年，模式八的消耗量仅为 108156 万吨；模式二的化石燃料消耗量达到 404397 万吨，为九种模式中建筑矿物质消耗量最大的发展模式，为模式八的 3.74 倍。

　　模拟预测化石燃料消耗量理想度：模式八＞模式七＞模式五＞模式六＞模式九＞模式一＞模式四＞模式三＞模式二。

　　（5）万元 GDP 总物质输入

　　总物质输入是衡量经济系统年度资源消耗总量指标，等于直接物质输入和区域物质提取过程中产生的隐藏流和进口物质的隐藏流的总和，万元 GDP 总物质输入等于总物质输入与 GDP 的比值，主要受直接物质输入、隐藏流、GDP 总量影响，还受到技术水平和物质循环效率的影响。九种模式模拟的万元 GDP 总物质输入见表 3-12，模拟的变化趋势见图 3-16。

表 3-12　万元 GDP 总物质输入模拟仿真值　　　　　单位：万吨/万元

年份	模式一	模式二	模式三	模式四	模式五	模式六	模式七	模式八	模式九
2007	6.156	6.156	6.156	6.156	6.156	6.156	6.156	6.156	6.156
2008	6.104	6.104	6.115	6.115	6.117	6.117	6.129	6.129	6.116
2009	7.867	7.867	7.897	7.897	7.895	7.895	7.925	7.925	7.898
2010	8.073	8.073	8.118	8.118	8.105	8.105	8.150	8.150	8.119
2011	6.247	6.247	6.293	6.293	6.269	6.269	6.315	6.315	6.293
2012	5.848	5.848	5.900	5.900	5.861	5.861	5.913	5.913	5.899
2013	5.905	5.905	5.967	5.967	5.905	5.905	5.967	5.967	5.964
2014	5.552	5.552	5.619	5.619	5.536	5.536	5.602	5.602	5.615
2015	5.301	5.304	5.374	5.373	5.248	5.249	5.318	5.317	5.358
2016	5.141	5.150	5.224	5.220	5.031	5.032	5.103	5.102	5.182
2017	5.067	5.087	5.163	5.157	4.875	4.879	4.950	4.947	5.082
2018	5.084	5.122	5.200	5.187	4.775	4.782	4.852	4.847	5.054
2019	5.203	5.272	5.352	5.328	4.728	4.738	4.807	4.800	5.103
2020	5.451	5.574	5.653	5.611	4.732	4.747	4.814	4.803	5.235
2021	5.873	6.090	6.165	6.091	4.788	4.810	4.872	4.856	5.467
2022	6.548	6.936	6.997	6.866	4.899	4.929	4.986	4.964	5.824

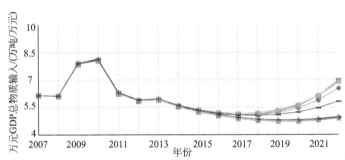

图 3-16　不同模式下万元 GDP 总物质输入的发展趋势

万元 GDP 总物质输入越低，表示技术水平和物质循环效率越高，因此万元 GDP 总物质输入与循环经济成负相关关系。通过表 3-12 可知，到 2022 年，模式三的万元 GDP 总输入达到 6.997 万吨/万元，而模式五的仅为 4.899 万吨/万元。

模拟预测化石燃料消耗量理想度：模式五＞模式六＞模式八＞模式七＞模式九＞模式一＞模式四＞模式二＞模式三。

（6）万元 GDP 总物质输出

总物质输出包括区域内物质输出、出口物质两部分，衡量经济系统年度物质输出量对生态系统的压力指标，万元 GDP 总物质输出等于总物质输出与 GDP 的比值，主要受区域内物质输出、出口物质、GDP 总量的影响。九种模式模拟的万元 GDP 总物质输出见表 3-13，模拟的变化趋势见图 3-17。

表 3-13　万元 GDP 总物质输出模拟仿真值　　　　单位：万吨/万元

年份	模式一	模式二	模式三	模式四	模式五	模式六	模式七	模式八	模式九
2007	5.380	5.380	5.380	5.380	5.380	5.380	5.380	5.380	5.380
2008	5.515	5.515	5.525	5.525	5.527	5.527	5.537	5.537	5.526
2009	6.762	6.762	6.787	6.787	6.785	6.785	6.810	6.810	6.788
2010	7.086	7.086	7.125	7.125	7.108	7.108	7.148	7.148	7.123
2011	5.695	5.695	5.737	5.737	5.707	5.707	5.748	5.748	5.733
2012	5.288	5.288	5.335	5.335	5.291	5.291	5.339	5.339	5.330
2013	5.298	5.298	5.354	5.354	5.290	5.290	5.345	5.345	5.347
2014	4.956	4.956	5.015	5.015	4.933	4.933	4.992	4.992	5.007
2015	4.696	4.696	4.759	4.759	4.655	4.655	4.717	4.717	4.749
2016	4.505	4.504	4.573	4.572	4.443	4.443	4.508	4.508	4.558
2017	4.373	4.373	4.445	4.444	4.287	4.287	4.356	4.355	4.426
2018	4.295	4.294	4.372	4.369	4.180	4.181	4.252	4.251	4.347
2019	4.266	4.265	4.349	4.345	4.118	4.120	4.195	4.193	4.317
2020	4.285	4.283	4.375	4.368	4.099	4.101	4.179	4.177	4.334
2021	4.351	4.349	4.448	4.440	4.121	4.123	4.206	4.203	4.398
2022	4.466	4.463	4.572	4.562	4.184	4.187	4.274	4.270	4.510

万元 GDP 总物质输出越低，表示排放的废弃物和物质循环效率越高，因此万元 GDP 总物质输出与循环经济成负相关关系；通过表 3-13 可知，到 2022 年，模式五的万元 GDP 总输入仅为 4.184 万吨/万元，而模式三的达到 4.572 万吨/万元。

模拟预测化石燃料消耗量理想度：模式五＞模式六＞模式八＞模式七＞模式二＞模式一＞模式九＞模式四＞模式三。

（7）工业废气排放量

工业废气排放主要是指二氧化硫、二氧化碳、氮氧化物、烟（粉）尘，其中，只统计化石燃料燃烧排放的二氧化碳。工业废气排放量主要受第二产

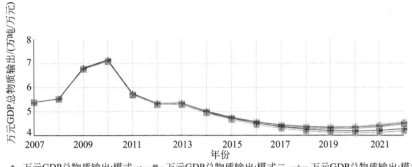

图 3-17　不同模式下万元 GDP 总物质输出的发展趋势

业总量与增长率的影响，九种模式模拟的工业废气排放量见表 3-14，模拟的变化趋势见图 3-18。

表 3-14　工业废气排放量模拟仿真值　　　　　　　　　单位：万吨

年份	模式一	模式二	模式三	模式四	模式五	模式六	模式七	模式八	模式九
2007	13603	13603	13603	13603	13603	13603	13603	13603	13603
2008	13797	13797	13797	13797	13797	13797	13797	13797	13797
2009	14737	14737	14737	14737	14703	14703	14703	14703	14720
2010	17113	17113	17113	17113	16913	16913	16913	16913	17012
2011	18489	18489	18489	18489	18148	18148	18148	18148	18317
2012	18407	18407	18407	18407	18077	18077	18077	18077	18240
2013	19042	19042	19042	19042	18606	18606	18606	18606	18820
2014	19627	19627	19627	19627	19076	19076	19076	19076	19345
2015	20382	20374	20394	20369	19653	19665	19658	19652	20000
2016	21343	21315	21381	21301	20352	20389	20369	20349	20806
2017	22547	22486	22629	22456	21188	21267	21223	21182	21789
2018	24040	23930	24188	23875	22180	22318	22242	22169	22975
2019	25874	25696	26115	25606	23348	23567	23446	23331	24395
2020	28111	27840	28478	27704	24713	25037	24858	24688	26086
2021	30822	30430	31352	30232	26301	26757	26505	26265	28087
2022	34089	33542	34829	33265	28139	28759	28416	28090	30445

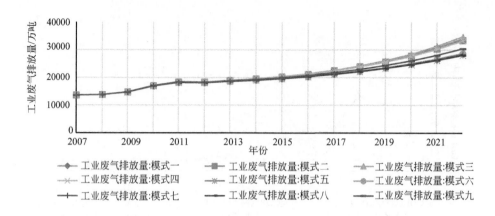

图 3-18　不同模式下工业废气排放量的发展趋势

工业废气排放量越大，表示排放的废气越多，对环境带来的压力也就越大，物质循环效率越低，因此工业废气排放量与循环经济成负相关关系；通过图 3-18 可知，2007～2022 年九种模式的工业废气排放量均呈平稳势增长，通过表 3-14 可知，到 2022 年，模式八的工业废气排放量仅为 28090 万吨，而模式一的达到 34089 万吨，为模式八的 1.12 倍。

（8）固体废物排放量

固体废物主要包括工业固体废物和生活垃圾，固体废物主要受第二产业总量、第三产业总量的影响，还与第二产业增长率有关，九种模式模拟的工业废气排放量见表 3-15，模拟的变化趋势见图 3-19。

表 3-15　固体废物排放量模拟仿真值　　　　　　　　　单位：万吨

年份	模式一	模式二	模式三	模式四	模式五	模式六	模式七	模式八	模式九
2007	3852.4	3852.4	3852.4	3852.4	3852.4	3852.4	3852.4	3852.4	3852.4
2008	4833.0	4833.0	4833.0	4833.0	4833.0	4833.0	4833.0	4833.0	4833.0
2009	4743.5	4743.5	4743.5	4743.5	4746.7	4746.7	4746.7	4746.7	4745.1
2010	5489.2	5489.2	5489.2	5489.2	5440.2	5440.2	5440.2	5440.2	5464.4
2011	5878.8	5878.8	5878.8	5878.8	5789.6	5789.6	5789.6	5789.6	5833.6
2012	5992.1	5992.1	5992.1	5992.1	5887.6	5887.6	5887.6	5887.6	5939.0
2013	5936.0	5936.0	5936.0	5936.0	5840.8	5840.8	5840.8	5840.8	5887.7
2014	5663.7	5663.7	5663.7	5663.7	5621.8	5621.8	5621.8	5621.8	5643.3
2015	5449.0	5450.8	5453.4	5451.6	5461.3	5460.2	5463.4	5457.3	5456.3
2016	5310.2	5315.7	5324.3	5318.5	5370.6	5366.9	5377.2	5357.7	5341.0
2017	5268.9	5280.9	5299.4	5286.9	5362.1	5354.3	5376.2	5334.9	5314.2
2018	5351.1	5372.9	5406.3	5383.7	5450.1	5436.3	5474.9	5402.3	5395.0

年份	模式一	模式二	模式三	模式四	模式五	模式六	模式七	模式八	模式九
2019	5587.8	5623.1	5677.4	5640.8	5650.5	5628.6	5689.7	5574.7	5606.0
2020	6015.4	6069.1	6151.5	6095.9	5981.2	5948.9	6039.2	5869.1	5972.7
2021	6677.1	6754.8	6874.1	6793.6	6462.4	6416.8	6544.0	6304.5	6525.0
2022	7623.9	7732.5	7899.1	7786.6	7116.6	7054.6	7227.5	6901.9	7297.1

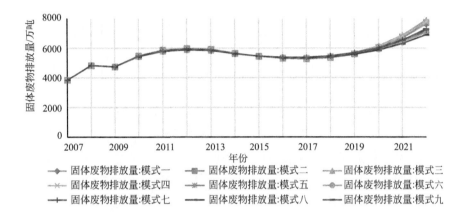

图 3-19 不同模式下固体废物排放量的发展趋势

固体废物排放量越多，对环境造成的压力就越大，重复利用率越低，因此固体废物排放量与循环经济成负相关关系。通过图 3-19 可知，2007~2022 年九种模式的固体废物排放量呈先升高再降低，最后再逐渐升高的趋势。通过表 3-15 可知，到 2022 年，模式三的固体废物排放量达到 7899.1 万吨，而模式八的固体废物排放量仅为 6901.9 万吨，为九种模式里面最少的。模拟预测固体废物排放量理想度：模式八＞模式六＞模式五＞模式七＞模式九＞模式一＞模式二＞模式四＞模式三。

3.3.3.2 最优模式选择

最优模式即要求最有利于循环经济发展的模式，上一节选取的八个循环经济评价指标中，只有 GDP 总量与循环经济成正相关关系，其余七项都与循环经济成负相关关系，因此，要选取 GDP 总量相对较高的、其余七项相对较低的模式为最优模式，模型可以模拟到 2022 年，2007~2022 年八个循环经济评价指标数据见表 3-16。

表 3-16　九种循环经济发展模式数据

种类	模式一	模式二	模式三	模式四	模式五	模式六	模式七	模式八	模式九
GDP 总量/亿元	167291	167291	163639	163639	177039	177039	173387	173387	164772
生物质消耗量/万吨	10454	10488	9041	8881	10449	10480	8907	8839	9538
化石燃料消耗量/万吨	10900	10483	10105	10054	8788	8768	8728	8663	9336
建筑矿物质消耗量/万吨	339165	404397	390929	369677	113070	118409	111862	108156	205709
万元 GDP 总物质输入/(万吨/万元)	6.548	6.936	6.997	6.866	4.899	4.929	4.986	4.964	5.824
万元 GDP 总物质输出/(万吨/万元)	4.466	4.463	4.572	4.562	4.184	4.187	4.274	4.270	4.510
工业废气排放量/万吨	34089	33542	34829	33265	28139	28759	28416	28090	30445
固体废弃物排放量/万吨	7623.9	7732.5	7899.1	7786.6	7116.6	7054.6	7227.5	6901.9	7297.1

通过表 3-16 中各模式之间比较可知,模式八最有利于循环经济的发展,模式八对应的生物质消耗量、化石燃料消耗量、建筑矿物质消耗量、工业废气排放量、固体废物排放量全部为九种模式中最少,GDP 总量在九种模式中排在第二位,万元 GDP 总物质输入与万元 GDP 总物质输出均排在前四位。因此,模式八为最优模式,对循环经济的发展最有力,即出生率降低 2‰,第一产业增长率、第二产业增长率均降低 2%,第三产业增长率增加 2%。

3.3.4　广东省循环经济发展政策性建议

随着工业化、城市化的进展,资源短缺、环境污染等各种社会问题愈演愈烈,资源消耗和环境污染问题已经成为广东省循环经济发展的瓶颈。循环经济作为当今社会发展的重要途径和主要发展方式,是解决当前广东省经济发展、资源、环境之间矛盾的必由之路,到目前来看,循环经济发展模式在广东省仍处于初期实施发展阶段,在全社会各层面还未达成共识,传统的"高投入、高消耗、高排放、低效率"经济发展方式尚未根本转变。主要表现在资源利用率低下、环保投资效益低下、固体废物再利用力度低下等多个方面。在这种情况下,如果继续沿用过去的粗放型发展方式,那么省内现有的资源几乎不可能继续支撑高速的经济增长,将会严重影响社会经济的发展。为了缓解以上问题,基于目前广东省循环经济发展状况,结合仿真模拟中的最优发展模式,提出以下政策调控建议以供参考。

(1) 优化人口空间分布,提高人口素质

广东省庞大的人口数量对循环经济的发展造成极大压力。与庞大的人口数量相比，广东省资源拥有量则相对不足。大量的人口产生了大量的生活垃圾，而我国对垃圾的无害化处理率不高，城镇生活垃圾除少量回收利用外，大多数被填埋和焚烧。在这个过程中，垃圾中的有害元素会对土壤、水体造成严重影响，焚烧排放出的有害气体极大地降低了空气质量。

坚持有序疏解，优化人口空间分布。将常住人口域外疏解转为域内疏解，引导人口从"过密"的中心城区向相对"较疏"的平原地区与郊区流动，优化人口空间分布。

大力提高人口素质。人口数量的增多之所以能成为循环经济发展的阻力，归根到底是因为人口文化素质低下，人力资源没有转化为人力资本，且不能得到充分利用。因此要较好地发展循环经济，就必须要重视提高和改善人口素质。

（2）降低第一、第二产业占比，提高第三产业增长率和占比

第一产业主要包括农、林、牧、渔业，第一产业直接影响生物质消耗量。第二产业主要包括采矿业、制造业、建筑业，第二产业将会影响化石燃料消耗量、建筑矿物质消耗量以及废弃物排放量。第三产业主要包括交通运输、邮政业、批发和零售业、金融业、房地产业。

降低广东省第一、第二产业在国民经济中的占比，有利于控制广东省生物物质、化石燃料、建筑矿物质消耗量，降低工业废气、固体废物、COD等污染物的排放量，有利于广东省循环经济的发展。

第三产业发展的程度是产业结构优化和经济现代化的一个重要标志，提高广东省第三产业的增长率，第三产业中的电商、物流业、健康产业、家政服务、社区服务、养老产业等都会成为广东省经济未来很重要的增长点。与此同时，加大第三产业发展力度，扩大第三产业在国民经济中的占比。

（3）工业园区循环化改造

对工业园区进行循环化改造，提高工业园区废物利用、资源能源分质梯级利用、水资源分类使用和循环利用、公共服务平台等基础设施建设，实现园区内项目、企业、产业有机耦合和循环链接。

（4）加强工业资源综合利用

加强工业废水、废气、固体废物的资源化利用，大力研发废物分类收集、无害化处理、资源化利用等技术和设备，提高资源产出率和循环利用率。

（5）建设循环经济试点示范城市、园区

建设一批循环经济示范城市、工业园区典型。从产业连接循环化、资源利用高效化、污染治理集中化、基础设施绿色化、清洁生产普及化等方面入手，加强示范城市、工业园区循环经济产业规划和重点项目建设，为后续循环经济城市、工业园区的建设，提供强有力的依据。

参考文献

[1] 董家华，高成康，陈志良，等．环境友好的物质流分析与管理 [M]．北京：化学工业出版社，2014.

[2] 闰小静．基于 SD 的区域循环经济系统演化及动力研究——以陕西省为例 [D]．西安：西安理工大学，2008.

[3] 施国洪，朱敏．系统动力学方法在环境经济学中的应用 [J]．系统工程理论与实践，2009，12：104-110.

[4] 汤发树，陈曦，罗格平，等．新疆三工河绿洲土地利用变化系统动力学仿真 [J]．中国沙漠，2007：4-8.

[5] 王红．基于物质流分析的中国减物质化趋势及循环经济成效评价 [J]．自然资源学报，2015，30 (111)：1811-1821.

[6] 王其藩．系统动力学 [M]．上海：上海财经大学出版社，2009.

[7] 王其藩．系统动力学理论与方法的新进展 [J]．系统工程理论方法应用，1995，4（2）：6-9.

[8] 叶英，范炳全．区域社会经济发展的系统动力学模型研究——以上海宝山区为例 [J]．上海经济研究，2007，5：106-112.

[9] 房科靖．基于 MFA-SD 的区域循环经济评价分析及仿真研究 [D]．沈阳：东北大学，2017.

第二篇
典型元素流分析

第 4 章　▶▶

我国社会磷代谢的时空特征

物质流分析通过定量分析特定时间和空间范围内物质（或元素）的迁移转化路径，识别其循环流动特征和回收利用的路径，定量分析人类社会经济系统与自然环境之间的物质交换，测度物质使用的环境影响，揭示不同时间和空间尺度内资源的流动特征和转换效率，可以为资源的高效利用和管理提供定量的决策信息，是经济、产业和资源管理等部门可持续发展评估相关研究中的重要分析工具之一。

磷元素是遗传物质的基本成分，是生命得以延续不可或缺的营养元素，其在自然界中主要的存在形式——磷矿石则是重要的、难以再生的非金属矿物资源。人类活动使得矿物磷通过磷化工工业、农业种植、居民生活和禽畜养殖系统转化为植物磷和动物磷，后流入水体和土壤中，打破了自然界原有的磷循环，与此同时带来了许多环境问题，如磷资源紧缺及地表水体富营养化等。

本章利用元素流分析的相关方法对我国磷元素的代谢进行时空特征分析，寻找我国的磷矿资源在磷元素消费系统造成浪费，以及磷元素消费系统造成地表水体富营养化的主要原因。其研究结果可供相关技术人员及决策者参考，为提高磷元素利用效率，以及避免地表水体富营养化提出切实有效的措施和具体方法。

4.1　空间边界与时间边界的选取

在收集的全国范围内 1995～2013 年和东北地区、华东地区、西南地区三个区域内 1995 年、2000 年、2005 年、2010 年和 2013 年的磷元素流动基础数据之上，用元素流分析方法对我国社会磷元素代谢流动进行分析。建立磷元素在我国社会经济系统的流动模型之前，应先确定磷元素代谢的系统边界，即空间边界和时间边界。

4.1.1　空间边界

系统的空间边界设定为全国范围及我国具有对比性较强的三个区域（东北地区、华东地区和西南地区）。

① 确定拥有老工业基地的东北地区（包括辽宁省、吉林省、黑龙江省）作为第一个空间边界，主要原因是东北地区正面临着产业转型的关键时期，对该区域磷元素代谢进行分析可为政策制定者及相关人员解决转型问题提供参考。

② 选择经济相对发达的华东地区（包括上海市、江苏省、浙江省、安徽省、福建省、江西省、山东省）为第二个空间边界，主要原因是华东地区是我国农作物产出的主要地区之一，农业种植生产消费的磷元素在经济社会磷流量中占比较大，并且该区域内分布着众多河流湖泊，且面临着水体富营养化的严峻状况，对该区域磷元素代谢进行分析可为相关环保人员解决水体富营养化问题提供参考。

③ 确定经济相对落后的西南地区（包括重庆市、四川省、贵州省、云南省、西藏自治区）为第三个空间边界，主要原因是该区域是我国磷矿石产出的主要地区之一，为满足经济社会发展需要所开采的磷矿石剧增，且我国磷矿石资源存在品位低、开采难度大问题，这一战略性矿产资源正面临着短缺的问题。对该区域磷元素代谢进行分析，可为解决磷矿石资源短缺和提高磷矿石利用率提供参考。

选择全国范围和上述三个典型地区为空间边界既能从全国范围上总体观察磷元素的流动，又能识别各个地区内经济社会系统中磷元素具体的流动，观察各社会经济系统磷元素流动的占比及特点，分析产生这种现象的原因，为解决相关问题做参考。

4.1.2　时间边界

全国系统的时间边界设定为 1995～2013 年这 19 年，以便分析我国社会磷代谢的变化规律。考虑到东北地区、华东地区和西南地区数据收集的一致性，将三个地区系统的时间边界设定为 1995 年、2000 年、2005 年、2010 年和 2013 年五个时间节点。

4.2 磷元素在社会经济系统的流动

　　磷元素在社会经济系统中的流动主要经过磷矿石开采加工阶段、磷产品消费阶段和磷废物排放阶段三个阶段。为进一步细化分析磷元素在社会经济系统中各环节的流动情况，将社会经济系统划分为磷化工工业系统、农业种植系统、城市居民生活系统、农村居民生活系统、规模养殖系统和家庭饲养系统共六个子系统。各个磷元素流动子系统之间存在着复杂的磷元素流动，会发生一个系统中的磷元素不仅仅只供给另一个系统，还会输送到多个系统、产生交互的现象。探讨磷元素在各个子系统中的分布特征，识别各子系统中磷元素的流动规律，为磷元素的科学管理提供依据。

　　（1）磷化工工业系统

　　磷化工工业系统的磷元素输出产物有洗衣粉、磷化肥、含磷饲料、磷石膏和化工废水，分别供给城市居民、农村居民生活及农业种植和规模养殖业作为肥料或饲料，废渣、废水进入非耕地土壤和地表水体中。

　　（2）农业种植系统

　　农业种植系统的磷元素输入来源于农村居民生活系统、城市居民生活系统、规模养殖系统、家庭饲养系统、磷化工工业系统五个系统产生的垃圾还田、粪便还田、磷化肥。磷元素输出产物为农作物、作物饲料、农作物秸秆和农田径流，这些产物又进入城市和农村居民生活、规模养殖业、家庭饲养业及地表水体和非耕地土壤中。

　　（3）城市居民生活系统

　　城市居民生活系统的磷元素输入分为禽畜类产品、水产品、洗衣粉、农作物。磷元素输出产物分别为城市居民的生活垃圾、粪便排泄物和城市污水，这些产物分别进入农村种植系统、地表水体和非耕地土壤中。

　　（4）农村居民生活系统

　　农村居民生活系统的磷元素输入分为食物产品和洗衣粉两部分，其中食物产品又分为禽畜类产品、水产品和农作物三种。磷元素输出产物分别为农村居民的生活垃圾、排泄物和污水排放，这些产物分别进入农村种植系统、地表水体和非耕地土壤中。

　　（5）规模养殖系统

　　规模养殖系统的磷元素输入只来源于饲料，饲料分为磷化工工业的含磷饲料和农业种植的作物饲料两部分。磷元素经过规模养殖系统环节后，一部分进入禽畜类产品中供城市及农村居民消费；另一部分进入规模养殖禽畜排泄的粪便中，之后用于还田和进入地表水体中和土壤中。

（6）家庭饲养系统

家庭饲养系统的磷元素输入也只来源于饲料，饲料分为农村居民生活产生的垃圾饲料和农业种植的农作物饲料两部分。磷元素经过家庭饲养环节后，一部分进入禽畜类产品中供农村居民消费，另一部分进入家庭饲养禽畜排泄的粪便中，之后用于还田和进入地表水体中和土壤中。

4.3 时间特征

4.3.1 磷化工工业系统

我国 1995～2013 年磷化工工业系统磷元素输出情况如图 4-1 所示。

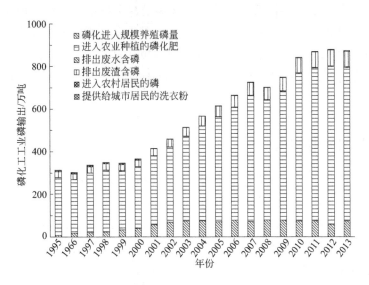

图 4-1　磷化工工业系统磷元素输出情况

由图 4-1 可见，1995～2013 年，磷化工工业磷输出量由 313.92 万吨升至 873.22 万吨，增长了 1.78 倍，增长幅度巨大。其中，2011 年以前磷化工工业系统磷输出量稳步上升，仅在 2008 年出现了小幅回落，2011～2013 年磷化工工业系统磷输出量趋于稳定。导致 2008 年磷化工工业系统磷输出量产生小幅度回落的主要原因是 2007 年以前每年磷化肥产量都保持将近 10% 的增长，但 2008 年的磷化肥产量与 2007 年相比下降了约 5%。

可以看出，磷化工工业系统输出的磷元素，进入农业种植的磷化肥的磷元素，占输出总量的80%～86%；进入规模养殖系统中含磷饲料的磷元素，占输出总量的2%～15%；进入非耕地土壤中废渣的磷元素占输出总量的7%～9%；其余部分（即废水含磷量和城市居民及农村居民消费洗衣粉含磷量）在2001年后占不到输出总量的1%。

1995年洗衣粉含磷量和禽畜饲料含磷量都占磷化工工业系统磷元素输出总量的2%～3%；2005年以后，禽畜饲料含磷量输出远远超过洗衣粉含磷量输出，水体富营养化等环境问题导致无磷洗衣粉逐渐取代有磷洗衣粉以及为满足生产生活需要导致禽畜养殖业不断发展壮大，是二者磷元素的输出量差距变大的主要原因。

1995～2005年，城市居民和农村居民消费的洗衣粉含磷量占磷化工工业系统磷元素输出总量的比例分别从0.72%和1.76%降至0.13%和0.18%，主要原因是居民使用的洗衣粉逐渐由有磷的转变为无磷的。2005年，农村居民消费的洗衣粉含磷量大于城市居民消费的洗衣粉含磷量；但到2012～2013年，城市居民消费的洗衣粉含磷量超过了农村居民消费的洗衣粉含磷量，主要原因是城镇化推进导致城镇人口不断增多，洗衣粉消费日益增加，同时农村人口不断流入城市，对洗衣粉的需求逐年下降。

4.3.2 农业种植系统

1995～2013年我国农业种植系统磷元素输入情况如图4-2所示。

输入农业种植系统中的磷元素来源于农作物种植肥料，其中包括家庭饲养粪便、规模养殖粪便、农村有机肥、城市废物还田和磷化肥。由图4-2可见，1995～2013年，输入农村种植系统的磷总量整体上呈现逐渐上升趋势，但在1996年、1999年、2008年、2009年和2013年这五年出现了小幅回落，是因为这几年的磷化肥表观消费量相比于相邻几年有所下降。

可以看出，输入农业种植系统中的磷元素主要来源于磷化肥和家庭饲养粪便还田，分别占输入总量的40%～70%和25%～55%；输入农业种植系统中农村有机肥还田的磷元素占输入总量的2%～5%；输入农业种植系统中规模养殖粪便还田的磷元素占输入总量的0.5%～3%；其余部分（即城市废物还田）占不到输出总量的1%，几乎可以忽略不计。

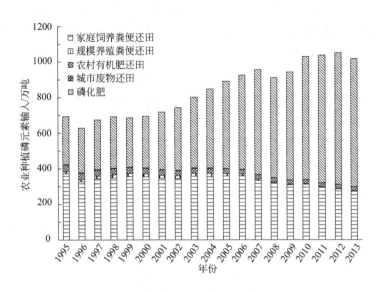

图 4-2　农业种植系统磷元素输入情况

我国 1995～2013 年农业种植系统磷元素输出情况如图 4-3 所示。由图 4-3 可见，1995～2013 年，农村种植系统输出的含磷总量整体上呈现逐渐上升趋势，但在 1996 年、1999 年、2008 年、2009 年和 2013 年这 5 年也出现了小幅回落，是因为这几年的磷化肥表观消费量相比于相邻几年有所下降，输入的含磷总量减少从而导致输出总量减少。

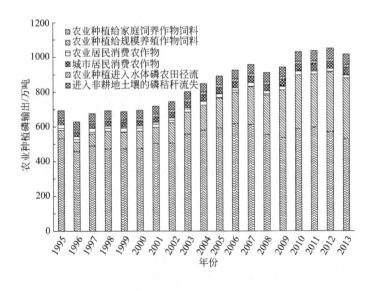

图 4-3　农业种植系统的磷元素输出情况

可以看出，农业种植系统中输出的磷元素，流入家庭饲养系统用作禽畜的作物饲料含磷量占输出总量的 50％～75％，所占比例呈下降趋势；流入规模养殖系统用作禽畜的作物饲料含磷量占输出总量的 7％～35％，所占比例呈上升趋势；流入非耕地土壤的磷元素占输出总量的 5％～8％；流入城市居民和农村居民的农作物含磷量分别占输出总量的 3％～4％和2％～4％；其余部分（即农田径流进入地表水体中的磷元素）占不到输出总量的 1％～2％，几乎可以忽略不计。

4.3.3　城市居民生活系统

由于对我国 1995～2013 年城市居民生活系统的磷元素流动进行物质流分析，故选取 1995 年、2000 年、2005 年、2010 年和 2013 年 5 个时间点，对输入城市居民生活系统中的农作物含磷量、禽畜产品含磷量、水产品含磷量和洗衣粉含磷量开展对比分析，如图 4-4 所示。

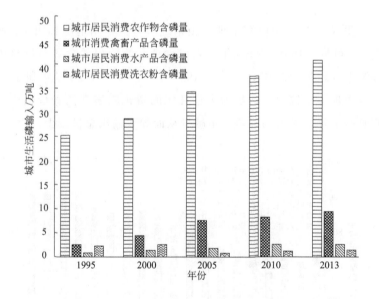

图 4-4　城市居民生活系统磷元素输入情况

由图 4-4 可见，1995～2013 年，输入城市居民生活系统中的农作物含磷量、禽畜产品含磷量和水产品含磷量整体上呈现逐渐上升趋势，而洗衣粉含磷量呈现先下降后上升的趋势，且在 2005 年达到谷值。

可以看出，输入城市居民生活系统中的磷元素，主要来源于城市居民消费农作物含磷量，占输入总量的75%～80%，1995～2013年城市居民消费农作物含磷量从25.2万吨增至40.81万吨，增长了62%；输入城市居民生活系统中的城市居民消费禽畜含磷量占输入总量的8%～18%，1995～2013年城市居民消费禽畜含磷量从2.52万吨增至9.43万吨，增长了73%；输入城市居民生活系统中城市居民消费水产品含磷量，占输入总量的2%～5%，1995～2013年城市居民消费水产品含磷量从0.83万吨增至2.62万吨，增长了2.16倍，增长幅度巨大；输入城市居民生活系统中的城市居民消费洗衣粉含磷量，占输入总量的1%～8%，1995～2013年城市居民消费洗衣粉含磷量从2.27万吨减少至1.46万吨，减少了36%。

我国1995～2013年城市居民生活系统磷元素输出情况如图4-5所示。由图4-5可见，1995～2013年，城市居民生活系统磷输出总量整体上呈现逐渐上升趋势，其中进入非耕地土壤中的磷元素整体上呈现逐渐上升趋势，而进入地表水体和还田的磷元素整体上呈现逐渐下降趋势。

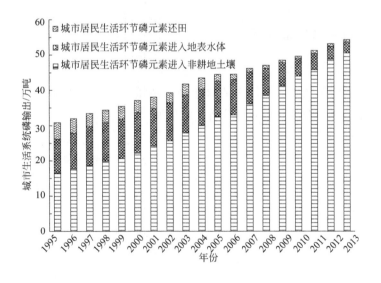

图4-5 城市居民生活系统磷元素输出情况

可以看出，城市居民生活系统输出的磷元素主要流入非耕地土壤中，占输出总量的50%～90%；流入地表水体的磷含量占输出总量的5%～30%；流入农业种植系统中还田的磷含量占输出总量的1%～15%。

产生还田磷含量的输出总量所占比例整体上呈现逐渐下降趋势的原因是城市居民有机肥还田量逐年减少。城市居民有机肥还田磷含量从

1995 年的 4.61 万吨下降至 2013 年的 0.63 万吨，下降了 86%，且所占输出总量的比例逐年降低，从 1995 年的 15% 下降至 2013 年的 1.17%。产生城市居民有机肥还田量逐年降低的原因：假设在理想状况下，人均排磷系数不变，虽然城市垃圾清运量不断增加，但是城市垃圾堆肥率和粪便还田比例都不断下降，城市垃圾堆肥率从 1996 年的 5% 下降至 2012 年的 2.3%，城市粪便还田比例从 1995 年的 26% 降至 2013 年的不足 1%。

产生进入地表水体的磷元素在城市居民生活系统磷元素输出总量中所占比例整体上呈现逐渐下降趋势的原因有两方面：一方面是无磷洗衣粉逐渐取代有磷洗衣粉；另一方面是城市污水处理能力的提高。

产生进入非耕地土壤中的磷元素在城市居民生活系统磷元素输出总量中所占比例整体上呈现逐渐上升趋势的主要原因是：城市污水处理能力提高，磷元素首先通过污水处理系统进入污水污泥，再通过污水污泥的填埋等途径进入非耕地土壤中。

4.3.4　农村居民生活系统

选取 1995 年、2000 年、2005 年、2010 年和 2013 年 5 个时间点，对输入农村居民生活系统中的农作物含磷量、禽畜含磷量、水产品含磷量和洗衣粉含磷量开展对比分析，结果如图 4-6 所示。

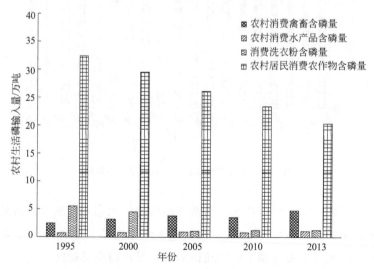

图 4-6　农村居民生活系统磷元素输入情况

由图 4-6 可见，1995～2013 年，输入农村居民生活系统中的禽畜含磷量和水产品含磷量整体上呈现逐渐上升趋势，而农作物含磷量和洗衣粉含磷量呈现下降趋势。

可以看出，输入农村居民生活系统中的磷元素主要来源于农村居民消费农作物含磷量，占输入总量的 84%～91%，1995～2013 年农村居民消费农作物含磷量从 32.43 万吨减少至 20.32 万吨，减少了 37%；输入农村居民生活系统中农村消费禽畜含磷量占输入总量的 6%～17%，1995～2013 年农村消费禽畜含磷量从 2.49 万吨增至 4.74 万吨，增长了 90%；输入农村居民生活系统中农村居民水产品含磷量占输入总量的 2%～4%，1995～2013 年农村居民消费水产品含磷量从 0.74 万吨增至 1.06 万吨，增长了 43%。

我国 1995～2013 年农村居民生活系统磷元素输出情况如图 4-7 所示。由图 4-7 可见，1995～2013 年，农村居民生活系统输出的含磷总量整体上呈现逐渐下降趋势，其中有机肥还田的磷元素整体上呈现逐渐下降趋势，进入非耕地土壤中的磷元素整体上呈现平稳趋势，而进入水体的磷元素整体上呈现出先下降后上升趋势，用于饲养禽畜的磷元素整体上呈现逐渐下降趋势。

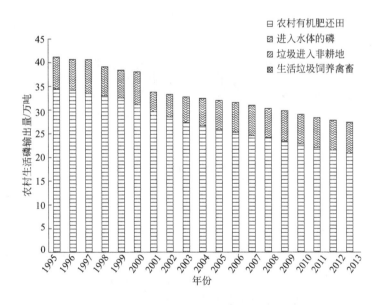

图 4-7　农村居民生活系统磷元素输出情况

可以看出，城市居民生活系统输出的磷元素，其中主要流入农村有机肥还田，占输出总量的80%～84%，1995～2013年用于还田的含磷量从34.52万吨降至20.86万吨，减少了40%；流入非耕地土壤的含磷量一直很稳定，1995年为0.007万吨，2013年为0.006万吨，约占输出总量的0.02%；流入水体的磷含量，从1995年的6.61万吨下降到2001年的4.10万吨，又增加至2013年的6.48万吨，但所占输出总量的比例总体上呈现上升趋势；用于饲养禽畜的磷总量不断减少，1995～2013年从0.051万吨降至0.041万吨，占输出总量的0.14%～0.16%。

4.3.5 规模养殖系统

我国1995～2013年规模养殖系统磷元素输入情况如图4-8所示。

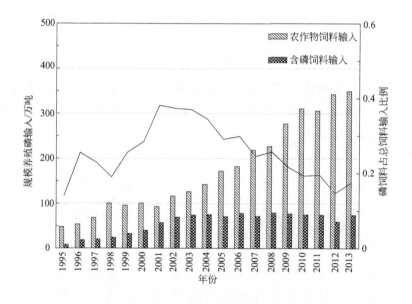

图4-8 规模养殖系统磷元素输入情况

由图4-8可见，1995～2013年，规模养殖系统磷元素输入总量整体上呈现逐渐上升趋势，1995～2013年输入总量从55.54万吨增至423.73万吨，增加了近7倍，增长幅度巨大。其中，农作物饲料输入的磷含量比含磷饲料磷含量大得多，其所占输入总量的比例呈现先升高后降低的趋势，说明在规模养殖饲料使用上虽然一直以农作物饲料为主，但农作物饲料的使用比例先减小后增大。

我国1995～2013年规模养殖系统磷元素输出情况如图4-9所示。由

图 4-9 可见，1995～2013 年，规模养殖系统输出的磷元素总量整体上呈现逐渐上升趋势，其中进入非耕地土壤中和禽畜食品中的磷元素整体上呈现逐渐上升趋势，进入水体中的磷元素整体上呈现先上升后下降趋势，而粪便还田的磷元素整体上呈现先稳定后下降趋势。

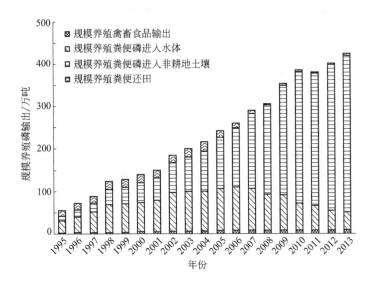

图 4-9 规模养殖系统磷元素输出情况

可以看出，规模养殖系统输出的磷元素，绝大部分进入禽畜粪便中，极少部分进入禽畜食品中。1995～2013 年进入禽畜粪便中的磷含量从53.02 万吨增至 414.30 万吨，增长了近 7 倍，所占输出总量的比例从95％升至 98％。1995～2013 年输出到禽畜食品中的磷含量从 2.52 万吨增至 9.43 万吨，增长了近 3 倍，但所占输出总量的比例从 1995 年的 5％降低至 2013 年的 2％。

规模养殖系统禽畜粪便输出的磷含量，其中绝大部分进入水体和非耕地土壤中，少部分用于粪便还田。1995～2003 年规模养殖系统禽畜粪便进入水体中的磷总量一直大于进入非耕地土壤中的磷总量，其中 1995 年和 2003 年规模养殖系统禽畜粪便进入水体中的磷总量和非耕地土壤中的磷总量分别为 28.79 万吨、10.45 万吨和 92.36 万吨、81.18 万吨。2004年，规模养殖系统禽畜粪便进入水体中的磷含量和非耕地土壤中的磷含量分别为 81.18 万吨和 92.94 万吨，进入非耕地土壤中的磷总量首次超过了进入水体中的磷总量。2005～2013 年，规模养殖系统禽畜粪便进入非耕地土壤中的磷总量一直大于进入水体中的磷总量。造成进入水体和非耕地土壤中的磷总量产生此消彼长的主要原因是城市污水处理率的升高和城市粪便还田率的降低。城市污水处理率从 1995 年的 19.7％升至 2005 年的 52.0％，截至 2013 年升到 89.3％；城市粪便还田率从 1995 年的 26％降至 2013 的 1％，与此同时禽畜粪便还田的磷总量从 1995 年的 13.79 万吨降至 2013 年的 4.04 万吨，致使进入水体的磷总量逐年减少而进入非耕地的磷总量逐年增加。

4.3.6　家庭饲养系统

我国 1995～2013 年家庭饲养系统磷元素输入情况如图 4-10 所示。由图 4-10 可见，1995～2013 年，家庭饲养系统磷元素输入总量整体上呈现波动状态。其中输入家庭饲养系统的磷元素几乎全部来自农作物饲料，而农村居民生活垃圾饲料中的磷元素只占到输入总量的 0.01％左右。

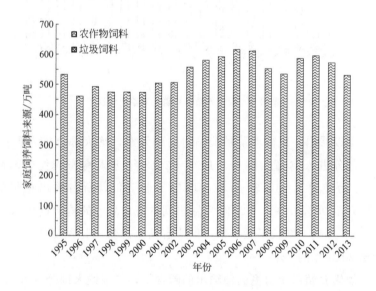

图 4-10　家庭饲养系统磷元素输入情况

我国 1995～2013 年家庭饲养系统磷元素输出情况如图 4-11 所示。由图 4-11 可见，1995～2013 年，家庭饲养系统输出的磷元素总量整体上呈现波动状态。1996～2006 年，磷元素输出总量从 459.03 万吨增至 616.03 万吨，增加了 34％，呈现不断上升趋势；2006～2009 年，磷元素输出总量从 616.03 万吨降至 534.94 万吨，减少了 13％，呈现不断下降趋势；2009～2011 年，磷元素输出总量又从 534.94 万吨增至 596.56 万吨，增加了 11%，呈现不断上升趋势；2011～2013 年，磷元素输出总量又降至 530.77 万吨，较 2011 年减少了 11%，呈现不断下降趋势。

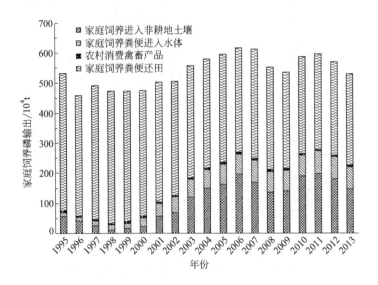

图 4-11　家庭饲养系统磷元素输出情况

可以看出，与规模养殖系统一样，家庭饲养系统输出的磷元素，绝大部分进入禽畜粪便中，极少部分输出到禽畜产品。其中，农村居民生活消费的禽畜产品的磷元素非常少，占不到输出总量的 1%。其余输出的磷元素全部进入家庭饲养禽畜排泄的粪便之中，正是家庭饲养禽畜粪便排泄的磷元素决定了此系统磷元素输出情况图的走势。

4.4　空间特征

4.4.1　磷化工工业系统

选取 1995 年、2000 年、2005 年、2010 年和 2013 年 5 个时间点，分别对东北地区、华东地区（不包括台湾地区，后同）和西南地区输入磷化工工业系统中的磷元素开展对比分析，如图 4-12 所示。

由图 4-12 可见，1995～2013 年，西南地区输入磷化工工业系统中的磷元素整体上呈现逐渐上升趋势，华东地区输入磷化工工业系统中的磷元素整体上趋于稳定，仅在 2005 年发生小幅度上涨；东北地区输入磷化工工业系统中的磷元素整体上呈现下降趋势。

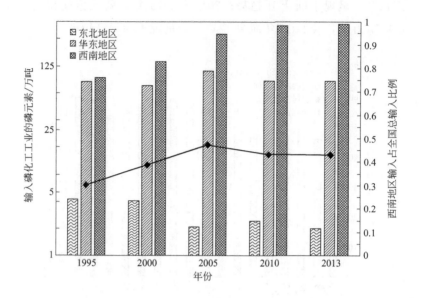

图 4-12 三个地区磷元素进入磷化工工业系统情况

可以看出，对比三个地区输入磷化工工业系统中的磷元素，其中西南地区最多，华东地区其次，东北地区最少。西南地区是我国最主要的磷化工工业系统生产地区，输入的磷元素量逐年增加，升高趋势在 2010 年和 2013 年趋于稳定，分别为 364.15 万吨和 375.33 万吨，约占全国磷化工工业系统磷元素输入总量的 40%，较 2005 年比例有所下降。华东地区进入磷化工工业系统的磷元素量，在 2005 年达到最大的 112.34 万吨，其余 4 个年份节点均维持在 80 万吨左右；东北地区进入磷化工工业系统的磷元素量，1995 年、2000 年、2005 年、2010 年和 2013 年分别为 4.25 万吨、4.06 万吨、2.08 万吨、2.41 万吨和 2.01 万吨，约占全国磷化工工业系统磷元素输入总量的 1%。

东北地区、华东地区和西南地区 1995 年、2000 年、2005 年、2010 年和 2013 年磷元素输出量分布等级情况如表 4-1 所列。

由表 4-1 可见，1995～2013 年，总体上看，三个地区磷元素输出量等级从高到低排序依次为西南地区、华东地区和东北地区。

可以看出，西南地区中云南省 1995 年、2000 年、2005 年、2010 年和 2013 年磷元素输出量分别为 34.46 万吨、63.08 万吨、94.37 万吨、152.55 万吨和 134.08 万吨，其中，2000 年和 2010 年磷元素输出量是最大的；贵州省除 1995 年外，磷元素输出量等级均处于最大级别，并于

表 4-1　三个地区磷元素输出量分布情况　　　　　　　单位：10^4 t

地区		年　份				
		1995 年	2000 年	2005 年	2010 年	2013 年
东北地区	辽宁	3.45	3.67	2.08	2.23	0.51
	吉林	0.08	0.17	0.00	0.16	1.48
	黑龙江	0.72	0.23	0.00	0.02	0.02
	合计	4.25	4.06	2.08	2.41	2.01
华东地区	上海	1.50	0.03	0.38	0.23	0.22
	江苏	28.27	24.15	29.40	10.47	4.03
	浙江	9.83	3.14	2.63	1.56	0.39
	安徽	23.89	15.94	24.42	23.65	30.85
	福建	4.18	3.48	1.99	1.09	0.71
	江西	7.96	6.01	5.94	7.09	8.30
	山东	10.48	24.71	47.57	44.21	43.80
	合计	86.11	77.46	112.34	88.29	88.31
西南地区	重庆	0.01	7.68	21.18	30.36	23.20
	四川	44.79	34.10	68.54	55.26	58.75
	贵州	15.57	37.88	106.40	125.97	159.30
	云南	34.46	63.08	94.37	152.55	134.08
	西藏	0.00	0.00	0.00	0.00	0.00
	合计	94.83	142.74	290.48	364.15	375.33

2005 年和 2013 年磷元素输出量超过了云南省，1995 年、2000 年、2005年、2010 年和 2013 年磷元素输出量分别为 15.57 万吨、37.88 万吨、106.40 万吨、125.97 万吨和 159.30 万吨；四川省 1995 年、2000 年、2005 年、2010 年和 2013 年磷元素输出量分别为 44.79 万吨、34.10 万吨、68.54 万吨、55.26 万吨和 58.75 万吨；重庆市磷元素输出量除 1995 年外均处于第二级别；西藏自治区磷元素输出量贡献为零。上述情况说明西南地区磷元素输出主要依赖云南省、贵州省和四川省，磷元素输出最大的省份由云南省转变成贵州省。

华东地区中，1995～2010 年，山东省、安徽省和江苏省始终比其他省份高一个磷元素输出量等级，2013 年江苏省、浙江省和福建省的磷元素输出量等级较前些年降了一个级别。2013 年华东地区各省（市）的磷元素输出量分别为：上海市 0.22 万吨、江苏省 4.03 万吨、浙江省 0.39万吨、安徽省 30.85 万吨、福建省 0.71 万吨、江西省 8.30 万吨、山东省43.80 万吨。

东北地区中，辽宁省、吉林省和黑龙江省的磷元素输出量等级一直很低。1995～2010 年，辽宁省输出量等级最高；2013 年，吉林省超过辽宁省成为东北地区中磷元素输出量等级最高的省份。2013年东北地区各省份磷元素输出量分别为：辽宁省0.51万吨、吉林省1.48万吨、黑龙江省0.02万吨。

4.4.2 农业种植系统

选取1995年、2000年、2005年、2010年和2013年5个时间点，分别对东北地区、华东地区和西南地区农作物产出秸秆含磷情况开展对比分析，如图4-13所示。

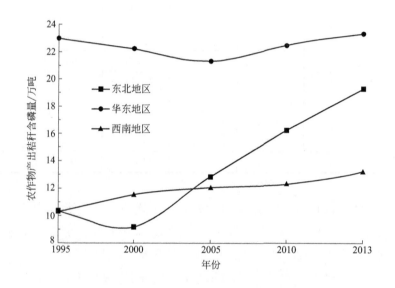

图4-13 三大地区农作物产出秸秆含磷情况

由图4-13可见，华东地区农作物产出秸秆含磷量的曲线是平稳的，曲线值在22万吨上下浮动；西南地区的曲线呈现平稳上升趋势；东北地区的曲线呈现先下降后快速上升趋势，1995年曲线值与西南地区相近，2000年达到谷值之后快速增加，并于2005年超过西南地区后呈现线性增长趋势。

选取1995年、2000年、2005年、2010年和2013年5个时间点，分别对东北地区、华东地区和西南地区农业种植系统流入水体中的磷元素情况开展对比分析，如图4-14所示。由图4-14可见，华东地区农业种植流入水体中磷元素曲线呈现平稳上升趋势；西南地区的曲线总体呈现上升趋势，仅在2010年出现了大幅回落；东北地区的曲线总体呈现上升趋势，仅在 2000 年出现了小幅回落。

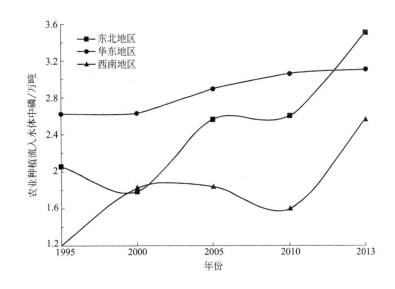

图 4-14　三个地区农业种植流入水体中磷元素情况

可以看出，三个地区农业种植系统流入地表水体中的磷元素量从高到低排序依次为华东地区、东北地区和西南地区，排序与三个地区农作物产出秸秆含磷量高低情况一致。

① 华东地区中，1995 年和 2000 年通过农业种植系统流入地表水体中的磷元素量分别为 2.63 万吨和 2.64 万吨，2005 年华东地区农作物产出秸秆含磷量较 1995 年和 2000 年有所减小，但通过农业种植系统流入地表水体中的磷元素量却有所增加，这说明 2005 年华东地区农作物产出率有所下降。

② 东北地区的农田径流磷量曲线的波动情况与该地区农作物秸秆含磷量曲线一致。农业种植系统流入地表水体中的磷元素量在 2000 年出现下降的主要原因是当年东北耕地有所减少，同时农作物产生秸秆含磷量也相应减少。2010 年，农田径流磷量减少而农作物秸秆含磷量却增加，说明东北地区在耕地减少的情况下依然保持农作物产量的高增长。

③ 西南地区中，农业种植系统流入水体中的磷总量整体呈现稳步上升趋势，但 2010 年通过农业种植系统流入地表水体中的磷元素量为 1.60 万吨，较 2005 年出现了下降，同时 2010 年西南地区农作物秸秆含磷量增

加，这说明 2010 年西南地区农作物产出率有所升高。

4.4.3 规模化养殖系统

通过对我国社会磷代谢时间特征的分析，可以得出禽畜规模化养殖废物排放是导致磷元素利用效率低下的主要原因，因此在磷代谢空间特征分析时应重点研究禽畜规模化养殖系统。东北地区、华东地区和西南地区规模养殖排放物磷元素利用效率情况如表 4-2 所列。表中的规模化养殖排放物磷元素利用效率是指排泄废物综合利用的比例。

表 4-2　三大地区规模养殖排放物磷元素利用效率　　　单位：%

年　份	地　区		
	东北地区	华东地区	西南地区
1995 年	27.85	26.96	28.90
2000 年	16.53	16.92	23.23
2005 年	8.32	9.68	13.89
2010 年	2.31	3.15	5.00
2013 年	2.16	2.97	4.66

由表 4-2 可见，东北地区、华东地区和西南地区规模化养殖排放物磷元素的利用效率逐年降低，其中西南地区的磷元素利用效率最高，其次是华东地区，最后是东北地区。

由表 4-2 可以看出，东北地区规模养殖磷元素利用效率从 1995 年的27.85% 降至 2013 年的 2.16%，下降了 92%，1995 年、2000 年和 2010年东北地区三省间规模养殖排放物磷元素利用效率相差很小，基本上与东北地区的平均值持平，2005 年和 2013 年吉林省和黑龙江省磷元素利用效率分别高于和低于东北地区的平均值。华东地区规模养殖磷元素利用效率从 1995 年的 26.96% 降至 2013 年的 2.97%，下降了 89%，上海市和浙江省是该区域磷元素利用效率较高的省份。西南地区规模养殖磷元素利用效率从 1995 年的 28.90% 降至 2013 年的 4.66%，下降了 83%，贵州省是该地区磷元素利用效率最高的省份。各地区规模化养殖排放物磷元素利用效率降低表明得到有效利用的磷元素越来越少，城乡污水处理率的升高与粪便还田率的降低导致规模养殖禽畜粪便还田的磷元素总量越来越少，所以规模养殖排放物的磷元素利用效率逐渐减小。

华东地区、东北地区和西南地区规模养殖系统磷元素输出量分布等级情况如表 4-3 所列。

表 4-3　磷元素输出量分布等级情况　　　　　　　　单位：万吨

地　　区	流入禽畜粪便磷总量	流入地表水体磷总量
东北地区	78.46	11.09
辽宁	33.93	3.05
吉林	27.55	4.08
黑龙江	16.97	3.96
华东地区	147.48	9.65
上海	0.72	0.09
江苏	25.05	1.72
浙江	6.30	0.24
安徽	16.02	0.45
福建	23.39	2.74
江西	7.81	1.24
山东	68.20	2.79
西南地区	30.49	3.66
重庆	4.31	0.22
四川	18.34	2.90
贵州	2.05	0.10
云南	5.74	0.40
西藏	0.05	0.05

由表 4-3 可见，三个地区中，总体上规模养殖系统进入禽畜粪便磷总量最高的地区是华东地区，其次是东北地区，西南地区最低。规模养殖系统流入禽畜粪便磷总量等级最高的省份是华东地区的山东省，处于第二个等级的省份是华东地区的福建省、江苏省和东北地区的辽宁省、吉林省，处于第三个等级的省份是华东地区的江西省、上海市、浙江省，东北地区的黑龙江省整个西南地区。

在三个地区中，总体上规模养殖系统流入地表水体磷总量最高的地区是东北地区，其次是华东地区，西南地区最低。规模养殖系统流入地表水体磷总量等级最高的省份是东北地区的辽宁省、吉林省和黑龙江省，流入水体中磷总量分别为 3.05 万吨、4.08 万吨和 3.96 万吨；处于第二个等级的省份是华东地区的江苏省、福建省、江西省和山东省及西南地区的四川省，流入水体中磷总量分别为 1.72 万吨、2.74 万吨、1.24 万吨和 2.79 万吨及 2.90 万吨；处于第三个等级的省份是华东地区的浙江省、安徽省及西南地区的重庆市和云南省，流入水体中的磷总量分别为 0.24 万吨、0.45 万吨、0.22 万吨和 0.40 万吨；处于第四个等级的省份是华东地区的上海市及西南地区的贵州省和西藏自治区，流入水体的磷总量分别为 0.09 万吨、0.10 万吨和 0.05 万吨。

三个地区中，东北地区规模养殖系统流入禽畜粪便磷总量不是最大的，但流入地表水体磷总量却是最大的，主要原因是东北地区城乡污水处理率较低，导致磷元素较少或未经去除后直接流入地表水体。2013年，辽宁省、吉林省和黑龙江省城市污水处理率分别为90.04％、84.21％和75.68％，其中黑龙江省的城市污水处理率远低于全国平均值（89.30％），导致了黑龙江省规模养殖系统流入禽畜粪便磷总量不大的情况下，流入地表水体中的磷总量却处于最大等级的结果。

华东地区各省份禽畜排泄磷总量的等级分布很不同，但流入水体中的磷总量等级分布趋于一致，是因为华东地区各省份规模养殖禽畜排泄标准都较为严格，磷元素去除率较高，排放到地表水体的磷总量相对较少。2013年，江苏省、安徽省和山东省的城市污水处理率分别为92.14％、96.22％和94.93％，均高于全国平均值，同时规模养殖系统流入禽畜粪便磷总量较低的省份污水处理率低于全国平均值，所以华东各省份之间规模养殖流入水体中的磷总量等级有接近一致的趋势。

西南地区的规模养殖禽畜排泄磷总量虽然不大，但流入水体中的磷总量相比较却很大。原因是2013年规模养殖系统流入禽畜粪便磷总量等级最高的四川省的城市污水处理率仅为83.23％，尽管西藏自治区的污水处理率低但同时禽畜粪便磷总量分布等级也极低，故西藏自治区流入水体的磷总量分布等级变化不大。

参考文献

[1] 陈敏鹏，郭宝玲，刘昱，等．磷元素物质流分析研究进展［J］．生态学报，2015，35（20）：6891-6900.

[2] 国家环保局科技标准司．工业污染物产生和排放系数手册［M］．北京：中国环境出版社，1996.

[3] 刘颐华．我国与世界磷资源及开发利用现状［J］．磷肥与复肥，2005，20（5）：1-5，10.

[4] 刘毅．中国磷代谢与水体富营养化控制政策研究［D］．北京：清华大学，2004.

[5] 柳正．我国磷矿资源的开发利用现状及发展战略［J］．中国非金属矿工业导刊，2006，（1）：21-23.

[6] 马敦超．中国磷资源代谢的动态物质流分析及系统动力学模型研究［D］．北京：清华大学，2012.

[7] 魏佑轩．基于物质流对中国磷元素代谢的时空特征分析［D］．沈阳：东北大学，2017.

第5章

▶▶

食品链的氮、磷元素流分析：以广州市为例

广州市地处我国南部、濒临南海、珠江三角洲北部。截至 2018 年，全市下辖 11 个区，总面积 7434km²，建成区面积 1249.11km²，常住人口 1490.44 万人，城镇人口 1287.44 万人，城镇化率达 86.38%，自古以来便是华南地区的经济中心。经济发展一直保持较高增速，近五年 GDP 增速保持在 7% 左右。

广州市能源匮乏，能源消费严重依赖外部输入，煤炭、石油、天然气等化石能源全部依靠外地调入。本地区可利用的能源主要为水能、太阳能等可再生能源。其中可利用水能资源主要在其北部的河流和东部的增江，且开发程度已基本饱和。按太阳能资源丰富程度来看广州市属于三类地区，全年可利用小时数为 1000h，基本多为家庭单位的小面积使用。广州市能源消费结构主要以煤炭和石油为主，终端能源消费以石油产品和电力为主。2017 年能源消费总量约为 6232.99 万吨标煤，其中煤炭和石油及石油产品占能源消耗总量的 77%。广州市水资源较为丰富，市内河流水系较多，但由于人口众多使得人均水资源量并不高，仅为世界人均用水量的 25%。且城市节水意识不强，从居民生活到城市生产用水习惯都较为粗放，多年来城市再生水用量占总用水量比重几乎为零，2017 年居民生活人均用水量高达 220L/（人·天），远高于 2017 年全国平均水平 178L/（人·天），也高于地理位置相似城市发展水平类似的深圳市 160.13L/（人·天）的人均用水量。经济的快速发展以及不断增长的人口总量带来了巨大的物质消费需求，同时由于广州市自身的特征（能源匮乏、水资源不足、食物自给率不足）等原因，使得为满足社会经济系统发展的物质需求成为城市管理者的一项重大挑战。通过近些年的资源管理研究可以得知，社会经济系统各环节中水、能源、食物的生产和利用等过程中存在着错综复杂的矛盾和联系，随着城市的发展，人口、资源等在城市空间内越来越高度聚集使得这些联系日益凸显出来，这要求城市的管理者管理这些资源时不仅仅是要满足量的需求，更要找出他们之间存在的联系，提高运行效率。

因此，处理好社会经济系统中水-能源-食物代谢存在的矛盾或改善两者关系对未来城市资源利用及管理有重要意义。广州市作为我国乃至世界上的一个发达城市，城市发展较其他城市超前，其面临的城市问题，如"水资源缺乏""食品安全""垃圾围城"等也是其他城市正面临或将要面临的，因此选取广州市作为案例研究对象，对其他城市尤其是我国的其他城市具有参考价值和借鉴意义。

5.1 食品链氮、磷流代谢结构与特征

5.1.1 能源代谢特征

根据城市能源代谢的理论同时结合实际情况，将第 2 章建立的城市能源代谢量化分析模型应用到广州市食品链能源代谢的研究中，得到广州市各年与食品生产、加工、消费等环节有关的能源代谢流动网络结构图，以 2017 年的结果为例进行说明，如图 5-1 所示。图 5-1 中各符号含义见表 5-1。

表 5-1　图 5-1 的图例

能量流/tec	吨煤标准当量含义	能量流/tec	吨煤标准当量含义
E_o	由外地调入本区域的石油	E_{g2}	流入城镇居民生活节点的天然气
E_{o1}	外地调入的石油产品	E_g	从外地调入的天然气
E_{o2}	流入石油加工、炼焦节点的原油量	E_{g3}	流入乡村居民生活节点的天然气
E_{o3}	本地石油加工、炼焦节点生产的石油产品的量	E_e	外地调入的电力
E_{o4}	流入火力发电节点的石油产品	E_{e1}	本地火力发电节点生产的(火电)电力
E_{o5}	流入农业种植节点的石油产品	E_{e2}	本地水力发电节点生产的电力
E_{o6}	流入畜牧养殖节点的石油产品	E_{e3}	流入石油加工、炼焦节点的电力
E_{o7}	流入食物加工节点的石油产品	E_{e4}	流入火力发电节点的电力
E_{o8}	流入城镇居民生活节点的石油产品	E_{e5}	进入农业种植节点的电力
E_{o9}	流入乡村居民生活节点的石油产品	E_{e6}	进入畜牧养殖节点的电力
E_{o10}	流入水的生产供应节点的石油产品	E_{e7}	食品加工生产部门消费的电力
E_{o11}	流入废水处理节点的石油产品	E_{e8}	流入城镇居民生活节点的电力
E_c	从外地调入的煤炭	E_{e9}	流入农村居民生活节点的电力
E_{c1}	流入石油加工、炼焦节点的煤	E_{e10}	流入水生产供应节点的电力
E_{c2}	流入火力发电节点的煤炭	E_{e11}	流入废水处理节点的电力
E_{c3}	流入其他部门的煤		

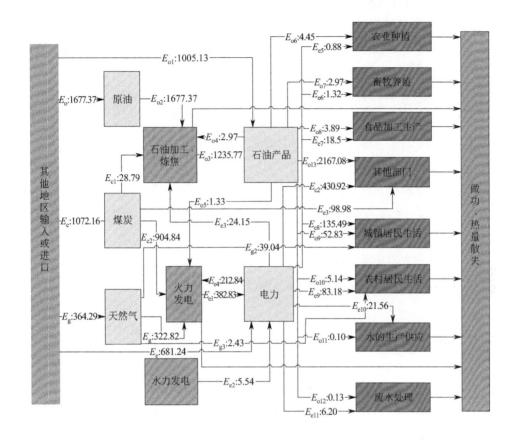

图 5-1　2017 年广州市能源代谢流动网络结构（单位：10^4 tce）

5.1.2　数据来源与处理

（1）数据来源

①《广东统计年鉴》（2008～2015）、《中国统计年鉴》（2008～2015）、《中国工业经济统计年鉴》（2008～2015）、《中国能源统计年鉴》（2008～2015）。

② 地方相关部门网站统计数据及最新行业信息。

③ 国内外相关研究成果。

（2）处理方法

物质流核算中账户所有项目均以质量为基本计量单位，涉及的物质种类规模庞大、范围广、结构复杂，具体的工作开展比较困难。因此，为了研究的可行性和合理性，对广州市与食物相关的各环节物质流核算及其分析将按以下原则：

① 区域物质流核算体系以欧盟原则为基础，结合地域实际情况，尽量与欧盟统计局 MFA 方法保持一致。

② 对于本地开采和生产的物质，只计算初级原物料，不包括二级产品，避免遗漏和重复计算。

③ 对于年鉴中未以质量计量的进出口商品，需根据相关数据换算成质量单位计算。

④ 经济系统物质输入和输出中水的输入量和输出量占总量的 90% 以上，为了更加清晰地分析经济系统物质流动情况，不考虑水的输入和输出，同样不影响分析结果。

⑤ 为避免重复计算，凡是人工饲养的，且以农产品为饲料的水产品和牲畜产量应视为物质储存，不作为物质输入。

5.2 农业种植业

农业种植的氮、磷输入来源较为广泛，有秸秆还田、养殖业废弃物还田、城乡居民有机废弃物还田等来源，氮的来源中还有某些固氮植物从大气固持的养分，如图 5-2 所示是氮、磷具体输入来源。

由图 5-2 可知，2013～2017 年间，进入农业种植的氮、磷总量整体呈上升趋势，二者输入总量分别达到 93799.6t 和 8051.5t。肥料施用是农业种植的氮、磷养分来源，由肥料输入农田的氮、磷的量分别占进入农业种植氮、磷总量的 78% 和 72%，且比例还有扩大趋势。这是因为随着农业发展，肥料的高效方便性使得它越来越多地被使用在农业种植中，而其他来源如养殖业粪便还田、城市废物等有机肥来源则被忽视。可以看到农村废物还田量以及废物还田量逐渐减少，使得更多的废物未被利用就通过填埋、丢弃等方式进入环境，减少了资源的循环利用，增加了环境负荷。

在输出方面农业种植的输出项为农作物、作物秸秆，还有耕地养分流失。其中农作物去向为直接供向本地城镇居民生活消费、农村居民生活消费、流入本地食物加工，还有部分流向其他地区，具体的去向在下面相关节点的分析中会提到。

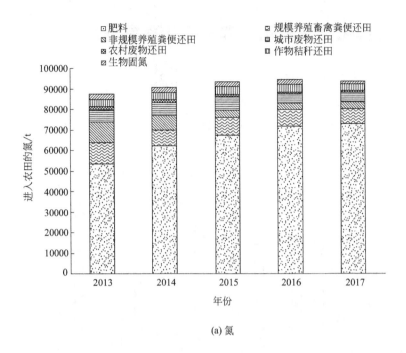

(a) 氮

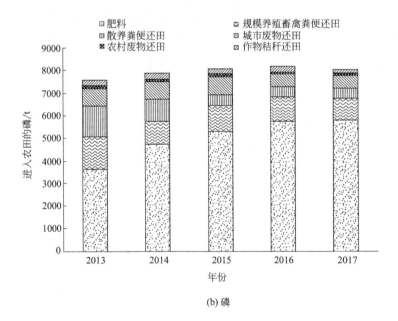

(b) 磷

图 5-2 农业种植的氮、磷输入

5.3 规模化畜禽养殖、非规模化畜禽养殖

　　广州市规模化畜禽养殖和非规模化畜禽养殖的氮输入均来自工业饲料和作物秸秆饲料，只是二者配比不一样。

　　养殖业的氮养分输入情况如图 5-3 所示。

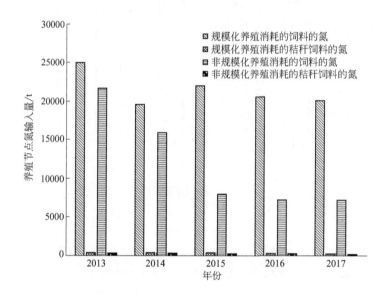

图 5-3　畜牧养殖节点的氮输入来源

　　由图 5-3 可知，饲料是规模化畜禽养殖和非规模化畜禽养殖的主要氮来源，秸秆饲料提供的量只占很少一部分。2013～2017 年，进入广州市两类畜禽养殖的氮都是在下降的，输入规模化畜禽养殖的饲料含氮量由 25033.0t 减少到 20085.7t，秸秆饲料输入的氮总量则在 177t 上下浮动；输入非规模畜禽养殖的饲料氮总量由 21677.3t 减少到 7246.6t。主要是由于受到环保政策的影响，关闭了许多环保不达标的养殖企业，同时在广州市内设立了 6 个禁养区，大大抑制了养殖业的发展，2013～2017 年广州市生猪出栏量由 232 万头下降到 86 万头；此外，广州市鼓励畜禽养殖向规模化发展使得非规模化养殖减少得更快。

　　畜牧养殖节点磷输入来源和氮来源一致，各来源及其输入量如图 5-4 所示。

　　由图 5-4 可知，由于磷和氮均来自输入养殖部门的工业饲料和秸秆饲

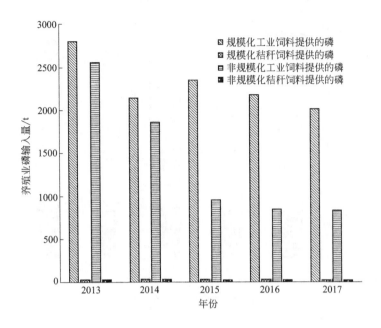

图 5-4 畜牧养殖的磷输入来源

料，所以磷的输入量变化情况和氮的输入量变化一致。2013 ～ 2017 年间，进入规模化畜禽养殖部门的工业饲料磷由 2803.8t 减少至 2012.9t，秸秆饲料磷由 35t 减少到 27.3t。进入非规模化畜禽养殖工业饲料磷总量由 2553.4t 减少至 833.6t。

5.4 城镇和农村居民生活

城镇居民生活中，由于巨大的人口总量对物质能源消费需求巨大，同时产生大量的废物（粪便、生活垃圾）和废水等。城镇居民氮、磷养分主要以食物消费为输入源，分为蔬菜水果、农作物（果蔬以外的）、畜禽产品三大类。

城镇居民生活节点养分输入情况如图 5-5 所示。

由图 5-5 可知，2013～2017 年间，输入城镇居民消费的氮、磷养分总量逐年上升，氮总量由 54671t 增加到 67807t，磷总量由 8399t 增加到 10064t，这是因为人口增长带来的食物需求增加。广州市城镇居民生活节点氮、磷养分主要来自农产品，其次是畜禽产品，最后是水产品。氮来源

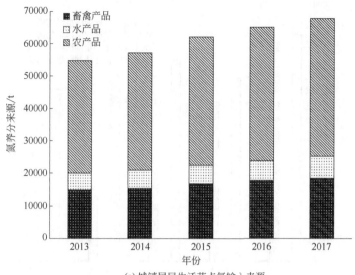

(a) 城镇居民生活节点氮输入来源

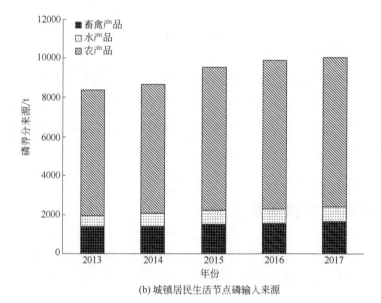

(b) 城镇居民生活节点磷输入来源

图 5-5　城镇居民生活节点养分输入

中，农产品提供的占 63% 左右，畜禽产品占 27% 左右，其余来自水产品，三者所占比例基本保持稳定，说明广州市城镇居民饮食消费结构较为固定，磷养分来源与氮养分来源基本一致，只是比例稍有不同。其中农产品的输入有两个来源：一是直接来自农业种植的不用加工的果蔬；二是需经过食物加工环节的，其中以加工过的为主，畜禽产品和水产品来自食物加工部门。

由于广州市经济较为发达、城镇化水平很高，农村和城市之间并无明显界限，在基础设施方面，农村和城市共享许多基础设施，所以农村居民生活系统与城市居民生活系统有着类似的输入和输出。但是由于农村人口远低于城镇人口，所以在氮、磷养分的输入总量上二者差距很大。图 5-6

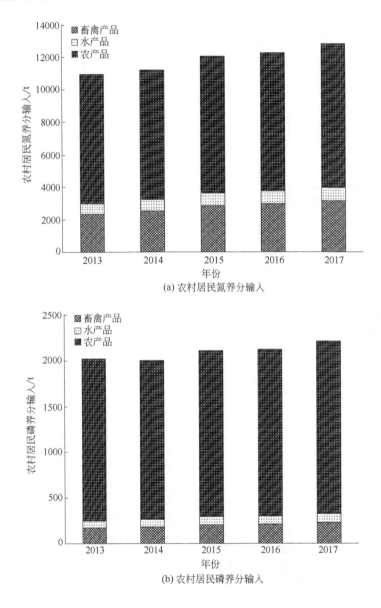

(a) 农村居民氮养分输入

(b) 农村居民磷养分输入

图 5-6　农村居民氮、磷养分输入

为农村居民生活节点氮、磷养分输入情况。

由图 5-6 可知，2013～2017 年间，输入农村居民生活系统的氮、磷养分总量逐年增长，氮输入总量由 11000t 增长到 12824t，磷输入总量由 2024t 增长到 2213t，上升幅度低于城市居民生活的养分输入上升幅度幅度，这是因为农村居民人口增长较为缓慢。其中农村居民生活环节总养分输入来源中占比最大的是农产品输入，畜禽产品次之，水产品最少。从变化趋势来看农产品输入的养分占比（氮 72%～69%，磷 88%～85%）在减少，畜禽产品输入的养分占比（氮 21%～25%，磷 8%～10%）和水产品输入的养分占比（氮 7%～9%，磷 4%～5%）有所增加。这与在城镇居民生活系统中氮、磷各输入来源比例保持稳定是不同的，说明农村居民饮食结构还处于变化阶段。

5.5 食品加工部门

食品加工环节主要对来自本地农业种植环节的农作物、畜牧养殖环节的畜禽产品及渔业捕捞的水产品以及从其他地区的输入的农作物和畜禽产品进行加工，不考虑向外输出的情况，只用来满足本地需求，不足的部分由外地调入。

食品加工部门氮、磷输入情况分别如图 5-7 和图 5-8 所示。

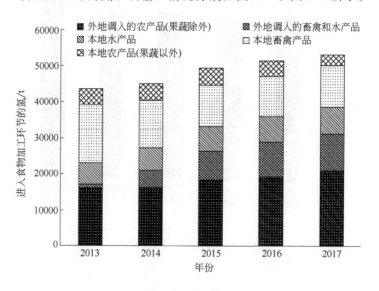

图 5-7 食品加工环节氮来源及输入量

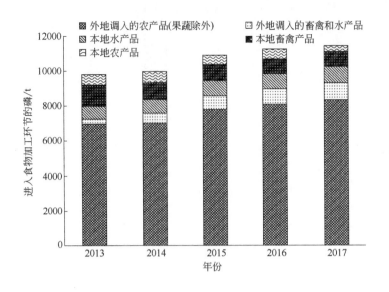

图 5-8　食品加工环节磷来源及输入量

　　由图 5-7 和图 5-8 可知，2013～2017 年，广州市食品加工环节的输入总量呈上升趋势，加工的食物氮总量由 43724t 上升到 53148t，磷总量由 9770t 增加到 11448t，这是因为广州市本地食物需求量增加。输入的产品主要分农产品、畜禽产品和水产品，其中以农产品占比最大，超过 50%。三类产品来源有本地自产和外地调入，从图中可看出广州市食物消费有很大部分依靠外地调入，其中农产品对外依赖最大。本地城乡居民消费的农作物中的氮有 79% 以上由外地供给，磷养分则超过 90%。也就是说广州市的粮食自给率不足 20%，这是因为广州市总人口多，粮食作物种植耕地面积不足且还在减少，以广州市主要粮食作物水稻和大豆为例，2013～2017 年水稻种植面积由 61184hm^2 下降到 37175hm^2、大豆种植面积由 1633hm^2 减少到 849 hm^2，其他作物种植面积也有不同程度减少。畜禽产品的依赖度提高最大，城乡居民消耗的畜禽产品中氮养分依赖外地供给的比例由 10% 增高到 46%，磷养分依赖外地供给比例由 19% 增高到 55%。这是由于广州市为治理养殖业造成的环境污染，为了快速实现治理效果，划分了禁养区同时关闭了许多环保不达标的养殖户，抑制了本地养殖业发展，畜禽出栏量严重下滑，环境问题虽得到一定程度解决但是影响了本地食物供给安全。治理环境问题不应只是末端治理，更应从源头做起，养殖业的废物是很好的有机肥资源，若能充分利用不但不会影响环境还能促进绿色经济的发展，未来应当鼓励发展规模化养殖，便于对废弃物集中管理，发展生态养殖，实行种养结合，形成废物资源化管理体系。从广州市食物安全的严重性，以及单一资源系统的管理带来的不确定性，使得对多系统的联合分析管理更加迫切需要。

参考文献

[1] 仇焕广，廖绍攀，井月. 我国畜禽粪便污染的区域差异与发展趋势分析 [J]. 环境科学，2013, 34 (7)：2766-2774.

[2] 第一次全国污染源普查资料编纂委员会. 污染源普查产排污系数手册 [M]. 北京：中国环境科学出版社，2011.

[3] 韩鲁佳，闫巧娟，刘向阳. 中国农作物秸秆资源及其利用现状 [J]. 农业工程学报，2002, 18 (3)：87-91.

[4] 辽宁省统计局. 辽宁统计年鉴 2014 [M]. 北京：中国统计出版社，2014.

[5] 刘治. 中国食品工业年鉴 2014 [M]. 北京：中华书局，2014.

[6] 马铮铮. 沈阳市生活垃圾调查及处置方式研究 [J]. 环境卫生工程，2010, 18 (2)：13-14.

[7] 倪娜，洪国才. 杭州市城市生活垃圾物理化学特性及处置对策 [J]. 环境卫生工程，2005, 13 (5)：435-445.

[8] 任婉侠，耿涌，薛冰. 沈阳市生活垃圾排放现状及产生量预测 [J]. 环境科学技术，2011, 34 (9)：105-110.

[9] 武淑霞. 我国农村畜禽养殖业氮磷排放变化特征及其对农业面源污染的影响 [D]. 北京：中国农业科学院，2005.

[10] 中国疾病预防中心. 中国食物成分表 [M]. 北京：北京大学医学出版社，2009：80-97.

[11] 中国农业年鉴编辑委员会. 中国农业年鉴 2014 [M]. 北京：中国农业出版社，2015.

[12] 中华人民共和国国家统计局. 中国统计年鉴 2014 [M]. 北京：中国统计出版社，2014.

[13] 中华人民共和国国家统计局工业统计司. 中国工业统计年鉴 2014 [M]. 北京：中国统计出版社，2014.

[14] 中华人民共和国国家统计局能源统计司. 中国能源统计年鉴 2014 [M]. 北京：中国统计出版社，2015.

[15] 钟华平，岳燕珍，樊江文. 中国作物秸秆资源及其利用 [J]. 资源科学，2003, 25 (4)：62-67.

[16] 房科靖. 基于 MFA-SD 的区域循环经济评价分析及仿真研究 [D]. 沈阳：东北大学，2017.

第6章

省级层面氮、硫、磷元素代谢分析

党的十八大提出建设生态文明，是关系人民福祉、关乎中华民族未来的长远大计。而生态文明建设的突破口就是生态环境保护，生态环境的逐步优化即是可持续发展的基础，更是人类未来生存和发展的重要前提。生态环境保护作为生态文明建设的根本措施和主阵地，取得的任何成效和突破都是对生态文明建设的积极贡献。不幸的是，我国的生态环境状况并不乐观。随着我国经济水平的不断提高以及居民生活水平的逐步提升，人们对含氮、磷、硫等元素物质的需求量与日俱增；随之而来，三种元素造成的环境负荷压力日渐加重。水体污染尤其是水体富营养化问题与氮、磷元素过量排入水体密不可分；而大气污染、酸雨、光化学烟雾等一系列环境问题都与氮、硫元素的过度排放有关。研究表明，这三种元素产生巨大的资源环境负荷，造成相关资源、能源面临枯竭的危险，引起大气环境、水环境以及土壤环境严重恶化，进而对人类身心健康产生有害影响。对此，为从源头解决三种元素引起的环境污染问题，开展氮、磷、硫物质代谢研究必不可少。

本章以辽宁省为例，分别从工业子系统、农业子系统和居民生活子系统三个方面进行氮、硫、磷三种元素的代谢分析。

6.1 辽宁省概况

辽宁省位于我国东北地区南部，南临黄海、渤海，东与朝鲜一江之隔，与日本、韩国隔海相望，是东北地区唯一的既沿海又沿边的省份。它的地形概貌大体可概括为"六山一水三分田"：辽东、辽西两侧为山地丘陵区，中部为辽河平原。全省土地总面积为 $14.59 \times 10^4 \text{km}^2$，占全国国土面积的 1.5%。2013 年年底，辽宁省的总人口数为 4390 万人，占全国总人口数的 3.3%。全省生产总值为 27077.7 亿元，比 2012 年增长 8.7%。辽宁省是我国最重要的老工业基地之一，也是全国工业门类最为齐全的省份之一，全省工业可分为 39 个大类、197 个种类、500 多个小类；其装备制造业、石油化工业等在全国占有重要突出位置。同时，辽宁省也是一个农业大省，农业生产力发展水平在全国居领先地位。2013 年，全省粮食产量 2195.6 万吨，比 2012 年增产 125.1 万吨，增长 6%。辽宁省矿产资源丰富，已发现各类矿产 110 种，其中已获得探明储量的有 66 种，矿产地 672 处。其中，菱镁矿、硼矿、铁矿、金刚石、滑石、玉石、石油的储存量在全国占有突出优势。

　　2013 年，辽宁省废水排放总量 23.45 亿吨，其中工业废水排放占 33.3%，生活废水排放占 66.6%。全省共建有 158 座污水处理厂，污水处理总量 18.29 亿吨，平均污水处理能力 771 万吨/日。2013 年，辽宁省二氧化硫排放总量居全国第 6 位，其中工业二氧化硫排放量 94.73 万吨，生活二氧化硫排放量 7.97 万吨。2004～2013 年辽宁省二氧化硫排放情况如图 6-1 所示。氮氧化物排放总量 95.54 万吨，其中工业氮氧化物排放占 71%，生活氮氧化物排放占 1.8%，机动车氮氧化物排放占 27.2%。2013 年，辽宁省一般工业固体废弃物产生量 2.68 亿吨，综合利用量 1.17 亿吨，综合利用率 43.8%；危险废物产生量 104.6 万吨，综合利用量 76.6 万吨，综合利用率 95.6%。全省市容环卫专用车辆 5743 台，生活垃圾清运总量 927 万吨，无害化处

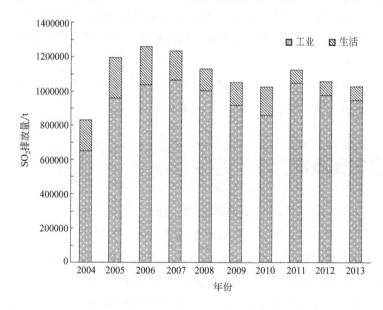

图 6-1　2004～2013 年辽宁省二氧化硫排放

理量 812.2 万吨，无害化处理率 87.6%。

6.2 氮、磷、硫代谢分析方法

6.2.1 元素代谢系统边界

　　研究对象是氮、磷、硫三种元素，研究目的是考察氮、磷、硫三种元素在社会、经济、环境系统中的来源、代谢途径和归宿，进而探讨社会经济活动对环境的负荷和作用机制。为此，应首先界定元素代谢系统的边界。本研究系统边界在空间上设定为辽宁省的地理区域边界，在对象系统上设定为工业系统、农业系统、居民生活系统和省内生态系统，在时间上设定为 2013 年。

6.2.2 元素代谢系统框架

　　在确定元素代谢系统边界之后，必须对研究区域内的各个子系统进行属性划分，形成相应的元素代谢系统结构框架，从而为确定氮、磷、硫元素代谢途径做准备。本书在结合 SFA 分析框架的基础上，构建了适用于省级层次的物质代谢系统框架，如图 6-2 所示。

　　根据各系统的经济属性和环境属性，本章将省级层次物质代谢系统分解成资源系统、环境系统、省内社会经济系统以及与之进行物质交换的原料产品系统 4 个子系统。之后，各个子系统又可进行细分：资源系统按照物质的属性划分为能源、矿产和水资源；环境系统按照接纳物的形态特征划分为大气环境、水体环境和土壤环境；原料产品系统按照物质的用途划分为工业产品、农产品和其他产品。省内社会经济系统按照子系统的功能特征划分为物质运输、加工、转化系统，废物处理系统，废物最终处理处置系统；其中物质运输、加工、转化系统又划分为工业、农业、居民生活、物流、省内生态过程 5 个子模块，废物处理系统划分为企业污水处理设施、集中污水处理厂、工业固体废物、农业固体废物、生活垃圾 5 个子模块，废物最终处理处置系统划分为焚烧、填埋、其他处理方式 3 个子模块。

6.2.3 元素代谢途径

　　氮、磷、硫元素流动可简要描述为：元素以矿产、能源、工业产品、

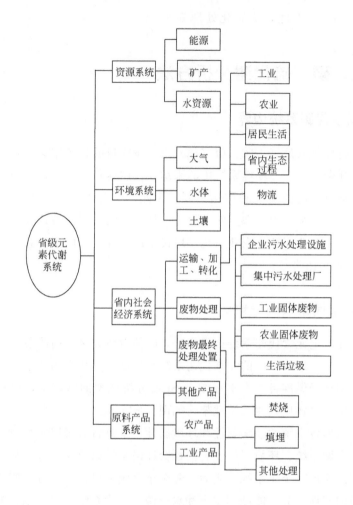

图 6-2 省级层次元素代谢系统框架

农产品和其他产品的形式，通过省内外物流过程进入社会经济系统，一部分作为原料经工业部门生产转化为工业产品、农产品和其他产品，输出社会经济系统；一部分作为消费品，被消费者消耗。但是，氮、磷、硫元素各自的代谢途径也有不同之处。

具体的氮、磷、硫元素代谢途径如表 6-1 所列。

6.2.4 元素代谢拓扑结构

工业系统是以加工制造工业产品为目的的系统。因此，工业系统元素代谢拓扑结构图以矿产、能源、工业产品、农产品和其他产品为物质输入，

表 6-1　氮、磷、硫元素代谢途径

环节	科目	氮元素	磷元素	硫元素
输入	工业产品	√	√	√
	农产品	√	√	√
	能源	√	√	√
	矿产		√	√
	大气	√		
环境归宿	大气			√
	土壤	√	√	
	水体	√	√	√

经工业系统内部各行业部门加工制造后，一部分以工业产品的形式从工业系统输出，一部分转化为废物经各种处理方式处理后排入自然生态环境。同时，图 6-3 将工业环节进一步"灰箱"化处理，将其细分为不同的行业，探讨工业环节内部各个行业的物质输入与输出情况。

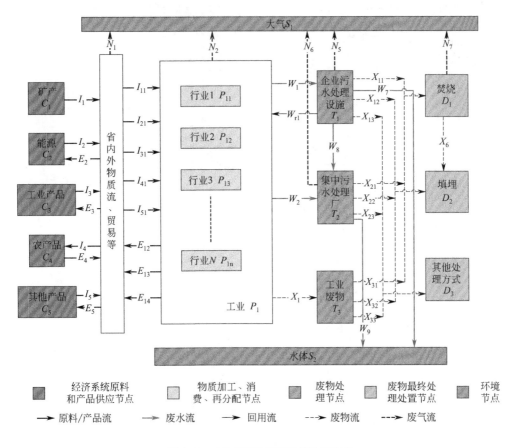

图 6-3　工业系统元素代谢拓扑结构图

农业系统是以生产农产品为目的的系统。因此，农业系统元素代谢拓扑结构图以能源、工业产品、农产品和其他产品为物质输入，经农业系统内部各行业部门生产制造后，主要以农产品的形式从农业系统输出，另有部分废物经处理后排入自然生态环境。同时，图 6-4 将农业环节进一步"灰箱"化处理，将其细分为不同的行业，探讨农业环节内部各个行业的物质输入与输出情况。

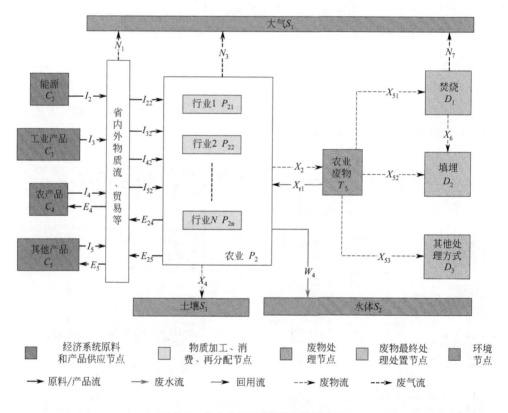

图 6-4　农业系统元素代谢拓扑结构图

居民生活系统主要是一个消费系统。能源、工业产品、农产品和其他产品等物质经居民生活系统消费后以生活垃圾等废物的形式经各种处理方式处理后排入自然生态环境。居民生活系统元素代谢拓扑结构如图 6-5 所示。

6.2.5　量化分析模型

元素代谢拓扑结构确定之后，就需要对拓扑结构中各个环节的因

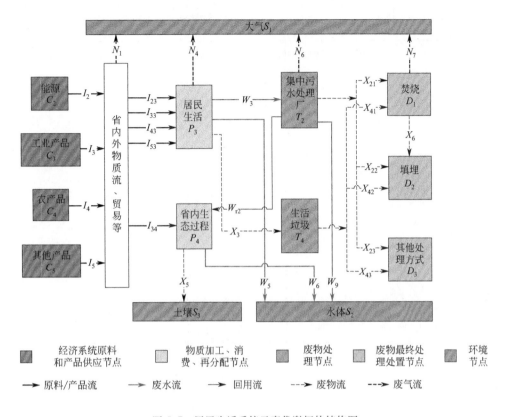

图 6-5 居民生活系统元素代谢拓扑结构图

果关系进行量化，从而得到具有定量关系的量化分析模型。量化分析模型依据的基本定理是热力学第一定律——物质守恒原理，其基本公式概述为：

$$输入＝输出＋积累－释放$$

假设社会经济系统内的物质代谢是稳定的，也就是说积累＝释放，物质守恒的公式就变成了：输入＝输出。量化公式可大致分为定值方程、从属方程以及平衡方程 3 类。其中，定值方程用于描述独立于其他变量且具有固定数值的物质流过程，其特点是容易获得数值，基本上可通过统计资料获得；从属方程用于计算依赖于其他物质流过程的物质流；平衡方程用于保证每一环节都遵守物质守恒原理。

根据确定的元素代谢拓扑结构以及 3 类控制方程构建的省级层次元素代谢量化分析模型如表 6-2 所列。

表 6-2　省级层次元素代谢量化分析模型

分类	元素流	计算方法
原料/产品	以原料或产品形式的元素输入量或输出量	I_i 或 $E_i = \sum$（原料或产品输入或输出量 $\times k_1$）
废水	工业废水经企业污水处理设施处理的元素量	$W_1 = [\sum(产品产量 \times 元素产生系数)] - W_2$
	工业废水直接排入集中污水处理厂的元素量	$W_2 = [\sum(产品产量 \times 元素排放系数)] \times k_2 \times k_3$
	工业废水经企业污水处理设施后直接排入水体的元素量	$W_7 = [\sum(产品产量 \times 元素排放系数)] \times k_4$
	工业废水经企业污水处理设施后排入集中污水处理厂的元素量	$W_8 = [\sum(产品产量 \times 元素排放系数)] \times k_2 \times k_5$
	生活污水元素处理量	$W_3 = (生活污水元素产生系数 \times 居民人口数 \times 365) \times k_6$
	生活污水未经处理直接排入水体的元素量	$W_5 = (生活污水元素产生系数 \times 居民人口数 \times 365) \times (1 - k_6)$
	废水经集中污水处理厂处理后排入水体的元素量	W_9 由相关统计年鉴直接查得
	农业环节排入水体的元素量	W_4 由相关统计年鉴直接查得
	省内生态过程排入水体的元素量	$W_6 = (I_{34} + W_{r2}) \times k_7$
固体废物	工业固体废物元素排放量	$X_1 = \sum(工业固体废物排放量 \times k_1)$
	农业固体废物元素排放量	$X_2 = \sum(农业固体废物排放量 \times k_1)$
	生活垃圾元素排放量	$X_3 = \sum(生活垃圾排放量 \times k_1)$
	农业环节排入土壤的元素量	$X_4 = I_{22} + I_{32} + I_{42} + I_{52} + X_{r1} - E_{24} - E_{25} - W_4 - X_2 - N_3$
	省内生态过程排入土壤的元素量	$X_5 = (I_{34} + W_{r2}) \times k_9$
	固体废物焚烧处理后元素进入灰渣的量	$X_6 = (X_{11} + X_{21} + X_{31} + X_{41} + X_{51}) \times k_{10}$
	企业污水处理设施产生的污泥经焚烧处理的元素量	$X_{11} = 企业污水处理设施去除的元素量 \times k_{11} \times k_{12}$
	企业污水处理设施产生的污泥经填埋处理的元素量	$X_{12} = 企业污水处理设施去除的元素量 \times k_{11} \times k_{13}$
	企业污水处理设施产生的污泥经其他方式处理的元素量	$X_{13} = 企业污水处理设施去除的元素量 \times k_{11} \times k_{14}$
	集中污水处理厂产生的污泥经焚烧处理的元素量	$X_{21} = 集中污水处理厂去除的元素量 \times k_{11} \times k_{12}$
	集中污水处理厂产生的污泥经填埋处理的元素量	$X_{22} = 集中污水处理厂去除的元素量 \times k_{11} \times k_{13}$
	集中污水处理厂产生的污泥经其他方式处理的元素量	$X_{23} = 集中污水处理厂去除的元素量 \times k_{11} \times k_{14}$
	工业固体废物经焚烧处理的元素量	$X_{31} = X_1 \times k_{15}$
	工业固体废物经填埋处理的元素量	$X_{32} = X_1 \times k_{16}$

分类	元素流	计算方法
废水	工业固体废物经其他方式处理的元素量	$X_{33}=X_1 \times k_{17}$
	生活垃圾经焚烧处理的元素量	$X_{41}=X_3 \times k_{18}$
	生活垃圾经填埋处理的元素量	$X_{42}=X_3 \times k_{19}$
	生活垃圾经其他方式处理的元素量	$X_{43}=X_3 \times k_{20}$
	农业固体废物经焚烧处理的元素量	$X_{51}=X_2 \times k_{21}$
	农业固体废物经填埋处理的元素量	$X_{52}=X_2 \times k_{22}$
	农业固体废物经其他方式处理的元素量	$X_{53}=X_2 \times k_{23}$
废气	省内物流向大气排放元素量	$N_1=\sum(机动车尾气排放量 \times k_1)$
	工业向大气排放元素量	$N_2=\sum(工业燃料耗用量 \times 燃料中元素的含量 \times k_{24})$
	农业向大气排放元素量	$N_3=施肥量 \times k_{25}$
	居民生活向大气排放元素量	$N_4=\sum(生活燃料耗用量 \times 燃料中元素的含量 \times k_{24})$
	企业污水处理设施向大气排放的元素量	$N_5=企业污水处理设施去除的元素量 \times k_{26}$
	集中污水处理厂向大气排放的元素量	$N_6=集中污水处理厂去除的元素量 \times k_{26}$
	焚烧处理向大气排放的元素量	$N_7=(X_{11}+X_{21}+X_{31}+X_{41}+X_{51}) \times k_{27}$
回用	工业废水回用量	$W_{r1}=W_1 \times 回用水占工业废水处理量的比例$
	生活污水回用量	$W_{r2}=W_3 \times k_8$
	农业废物回用量	$X_{r1}=\sum(农业固体废物产生量 \times k_1 \times k_{28})$

根据各元素流的属性，将量化分析模型细分为原料（或产品）流模型、废水流模型、固体废物流模型、废气流模型和回用流模型。

（1）原料（或产品）流模型

是指用于核算各种原料（或产品）中元素含量的分析模型。

其中，农产品的输出流：

$$E_{24}=\overline{\Phi}_1 \times \overline{K}_1^{\mathrm{T}}+\overline{\Phi}_2 \times \overline{K}_2^{\mathrm{T}} \tag{6-1}$$

式中　$\overline{\Phi}_1$——谷物、小麦、油菜籽、花生、玉米、豆类、薯类和蔬菜瓜果 8 类农作物产量的行向量；

　　　$\overline{K}_1$——谷物、小麦、油菜籽、花生、玉米、豆类、薯类和蔬菜瓜果 8 类农作物元素含量的行向量；

　　　$\overline{\Phi}_2$——猪肉、牛肉、羊肉、禽肉、奶类、蛋类 6 类畜禽产品产量的行向量；

$\overline{K}_2$——猪肉、牛肉、羊肉、禽肉、奶类、蛋类 6 类畜禽产品元素含量的行向量。

（2）废水流模型

是指用于核算工业废水和生活污水中元素含量的分析模型。

其中，生活污水处理流：

$$W_3 = [\overline{\Phi}_3 \times (365 \times \overline{K}_3^T)] \times k_6 \tag{6-2}$$

式中 $\overline{\Phi}_3$——一类城市、二类城市、三类城市、四类城市人口总数的行向量；

$\overline{K}_3$——一类城市、二类城市、三类城市、四类城市生活污水元素产生系数的行向量；

k_6——生活污水处理率。

（3）固体废物流模型

是指用于核算工业固体废物、农业固体废物和生活垃圾中元素含量的分析模型。

其中，农业固体废物产生流：

$$X_2 = \overline{\Phi}_1 \times D \times \overline{K}_6^T + \overline{\Phi}_4 \times \overline{K}_4^T + \overline{\Phi}_4 \times \overline{K}_5^T \tag{6-3}$$

式中 D——主对角线为谷物、小麦、油菜籽、花生、玉米、豆类、薯类和蔬菜瓜果 8 类农作物草谷比系数的对角矩阵；

$\overline{K}_6$——谷物、小麦、油菜籽、花生、玉米、豆类、薯类和蔬菜瓜果 8 类农作物秸秆元素含量的行向量；

$\overline{\Phi}_4$——猪、牛、羊、家禽 4 类畜禽存栏数的行向量；

$\overline{K}_4$——猪、牛、羊、家禽 4 类畜禽粪便元素产生系数的行向量；

$\overline{K}_5$——猪、牛、羊、家禽 4 类畜禽尿液元素产生系数的行向量；

其余符号意义同上。

（4）废气流模型

是指用于核算工业废气、机动车尾气、生活废气中元素含量的分析模型。

其中，工业废气流：

$$N_2 = (\overline{\Phi}_5 \times \overline{K}_7^T) \times k_{24} \tag{6-4}$$

式中 $\overline{\Phi}_5$——原煤、原油、天然气等燃料耗用量的行向量；

$\overline{K}_7$——原煤、原油、天然气等燃料元素含量的行向量；

k_{24}——燃料消耗过程中元素向大气排放的比例。

（5）回用流模型

是指用于核算回用的废水和回用的固体废弃物中元素含量的分析模型。

其中，秸秆还田流：

$$X_{\gamma 1} = (\overline{\Phi}_1 \times D \times \overline{K}_6^{\mathrm{T}}) \times k_{28} \tag{6-5}$$

式中 k_{28}——秸秆还田率；

$k_1 \sim k_{28}$ 的含义见表 6-3。

表 6-3 量化分析模型中参数含义及确定

参数	含义	单位	数值			来源
			氮	磷	硫	
k_1	物质中元素含量	%	由分子式确定			分子式
k_2	排入污水处理厂的工业废水量占工业废水排放总量的比例	%	20.9	20.9	20.9	[1]
k_3	未经企业污水处理设施处理直接排入污水处理厂的工业废水量占排入污水处理厂的工业废水总量的比例	%	12.5	25	12.5	[2]
k_4	直接排入水体的工业废水量占工业废水排放总量的比例	%	79.1	79.1	79.1	[1]
k_5	经企业污水处理设施处理后排入污水处理厂的工业废水量占排入污水处理厂的工业废水总量的比例	%	87.5	75	87.5	[2]
k_6	生活污水处理率	%	86.8	86.8	86.8	[3]
k_7	生态过程中元素排入水体的比例	%	10	10	—	[4]~[10]
k_8	生态过程用水占污水处理总量的比例	%	0.5	0.5	—	[1]
k_9	生态过程中元素排入土壤的比例	%	90	90	—	[5],[11]
k_{10}	固体废物焚烧处理元素进入灰渣的比例	%	10	100	10	[12],[13]
k_{11}	废水去除元素进入污泥的比例	%	32.3	100	32.3	[14],[15]
k_{12}	污泥经焚烧处理的比例	%	1.9	1.9	1.9	[1]
k_{13}	污泥经填埋处理的比例	%	85.3	85.3	85.3	[1]
k_{14}	污泥经其他方式处理的比例	%	12.8	12.8	12.8	[1]
k_{15}	工业固体废物经焚烧处理的比例	%	0	0	0	[1]
k_{16}	工业固体废物经填埋处理的比例	%	56.2	56.2	56.2	[1]
k_{17}	工业固体废物经其他方式处理的比例	%	43.8	43.8	43.8	[1]
k_{18}	生活垃圾经焚烧处理的比例	%	6.8	6.8	6.8	[1]
k_{19}	生活垃圾经填埋处理的比例	%	78.4	78.4	78.4	[1]
k_{20}	生活垃圾经其他方式处理的比例	%	14.8	14.8	14.8	[1]
k_{21}	农业固体废物经焚烧处理的比例	%	见表 6-4			[16]~[19]
k_{22}	农业固体废物经填埋处理的比例	%	见表 6-4			[16]~[19]
k_{23}	农业固体废物经其他方式处理的比例	%	见表 6-4			[16]~[19]

参数	含义	单位	数值 氮	数值 磷	数值 硫	来源
k_{24}	燃料消耗过程中元素向大气排放的比例	%	15～40	0	25～45	[20]
k_{25}	化肥挥发的比例	%	11	—	—	[21]
k_{26}	废水去除元素进入气体的比例	%	67.7	0	67.7	[14],[15]
k_{27}	固体废物焚烧处理元素进入大气的比例	%	90	0	90	[12],[13]
k_{28}	农业固体废物回用率	%	见表 6-4			[16]～[19]

表 6-4 农业固体废物处理方式及比例

项目	还田/%	饲料/%	焚烧/%	填埋/%	其他/%
秸秆	14.1	27.1	45	4.1	9.7
畜类粪便	50	1.2	—	25.3	23.5
禽类粪便	50	5.8	—	14.2	30

6.3 辽宁省氮元素代谢分析

6.3.1 辽宁省工业系统氮元素代谢分析

辽宁省工业系统中与氮元素有较多关联的行业可细分为化学原料及化学制品制造业、食品工业、石油加工及炼焦工业、采选业、电力及热力生产供应业、黑色金属冶炼和压延加工业和其他行业 7 类。辽宁省工业系统氮代谢拓扑结构如图 6-6 所示。

2013 年，辽宁省工业系统废水氮元素产生量为 54365t，向水体环境排放氮元素 15170t，企业污水处理设施和集中污水处理厂共去除氮元素 39178t，工业废水总体氮元素去除率为 72.1%。各行业废水氮元素产生量和氮元素去除率差别巨大，辽宁省各行业氮元素水体负荷情况如表 6-5 所列。由表 6-5 可以看出，在辽宁省工业系统中，废水氮元素产生量较多的行业是：化学原料及化学制品制造业、食品工业和石油加工及炼焦工业，三个行业共占工业废水氮元素产生量的 98%；同时，三个行业造成的氮元素水体负荷占工业系统水体总负荷的 96.8%；但是，三个行业的废水氮元素去除率有很大差别：化学原料及化学制品制造业废水氮元素去除率最高，为 92.3%，说明该行业污水处理环节较为完善，氮元素去除效果较好。而石油加工及炼焦工业废水氮元素去除率仅为 40.1%，低于工业

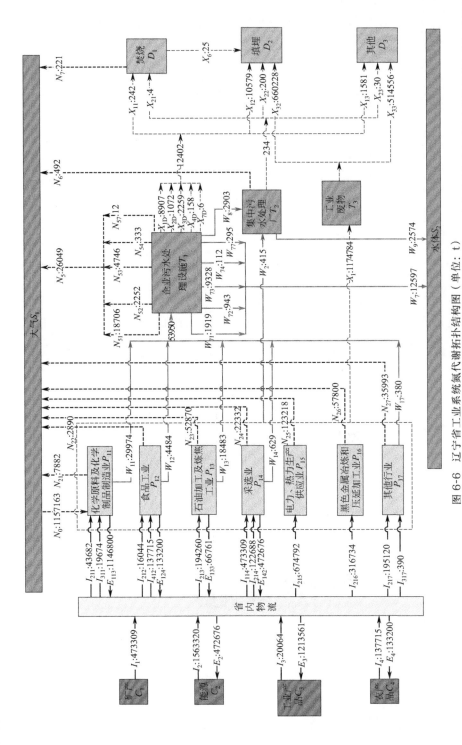

图 6-6 辽宁省工业系统氮代谢拓扑结构图（单位：t）

I—以原材料（或产品）形式进入省内社会经济系统的输入流；E—以产品形式输出省内社会经济系统的输出流；N—以气体形式与大气进行交换的元素流；W—以污水和回收用水形式进行的元素流；X—以固体用废弃物进行的元素流；C—与省内社会经济系统有物质供应关系的节点；D—对废弃物进行最终处置的节点；S—物质的最终环境归属地；T—对废弃物进行处理的节点；P—省内社会经济系统对物质进行加工、消费和再分配的节点环节总体氮元素去除率，并且该行业造成的水体负荷占工业系统水体总负荷的74.1%，说明该行业是工业系统减少氮元素水体负荷的重点行业。

表6-5 辽宁省各行业氮元素水体负荷

项　　目	废水氮产生量/t	氮去除量/t	氮去除率/%	水体负荷/t	水体负荷比例/%
化学原料及化学制品制造业	30037	27724	92.3	2310	15.2
食品工业	4515	3378	74.8	1136	7.5
石油加工及炼焦工业	18790	7543	40.1	11234	74.1
采选业	633	498	78.7	135	0.9
其他行业	390	35	9	355	2.3
总量	54365	39178	72.1	15170	100

大气负荷方面，工业环节向大气排放氮元素329526t，其中因能源消耗排放的氮元素占91.9%，污水处理过程排放的氮元素占8.1%，说明能源消耗仍是造成氮元素大气负荷的重要原因。辽宁省各行业氮元素能源投入量和氮元素大气负荷情况如图6-7所示。由图6-7可以看出，向大

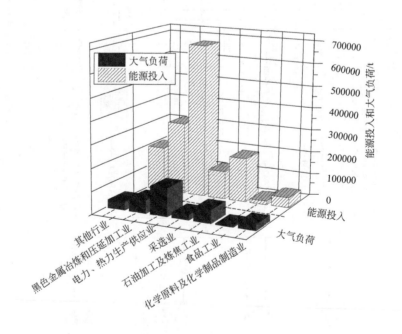

图6-7 辽宁省各行业氮元素能源投入量和氮元素大气负荷情况

气排放较多氮元素的行业主要是电力及热力生产供应业、黑色金属冶炼和压延加工业以及石油加工及炼焦工业，三个行业向大气排放的氮元素占工业系统大气总负荷的 72.5%，而三个行业的能源投入量占工业系统能源投入总量的 75.9%，说明能源消耗过程向大气排放大量氮元素，对大气环境造成严重污染。同时可以看出，各行业以能源形式投入的氮元素与各行业造成的大气负荷成一定的正比关系，这说明工业系统造成大气负荷的主要原因与能源氮元素的投入有关，可以从减少能源氮元素的投入着手，缓解工业系统严重的大气负荷。

6.3.2　辽宁省农业系统氮元素代谢分析

辽宁省农业系统氮代谢拓扑结构如图 6-8 所示。由图 6-8 可以看出，2013 年，农业环节向水体排放的氮元素量为 184200t；其中，种植业对水体产生的负荷占总负荷量的 9.3%，畜禽养殖业占 90.7%。农业环节向大气排放的氮元素量为 394091t；其中，一部分为由于化肥硝化-反硝化作用和氨挥发损失到大气中的氮元素，其通量为 241721t，另一部分为农业废物秸秆经焚烧处理向大气排放的氮元素，其通量为 152370t。农业环节残留在土壤中的氮元素量为 241923t，这部分氮元素量如果不能得到合理利用，同样会对水体和大气环境产生影响。

种植业方面，氮元素输入总量为 124.85 万吨，其绝大部分氮元素以化肥的形式输入种植系统中；以农产品形式输出系统的氮元素为 50.65 万吨，占输入总量的 40.6%，可见种植系统氮素利用效率偏低。作物秸秆带走的氮元素量为 37.68 万吨，其中仅有 53200t 的氮元素以有机肥的形式进行还田，作物秸秆还田率仅为 14%；作物秸秆经焚烧处理对大气环境产生巨大的负荷，负荷量为 152370t。因此，减少化肥的施用量，增加作物秸秆还田利用量，有利于提高种植系统氮素利用效率。另外，应该提高秸秆再循环利用量，减少秸秆焚烧处理量，从而达到缓解大气负荷的目的。

畜禽养殖业方面，畜禽产生的粪便和尿液对环境产生巨大危害。2013 年，辽宁省畜禽养殖业以粪尿形式产生氮元素总量为 66.1 万吨，其中有 16.7 万吨氮元素流入水体，对水体产生巨大污染负荷。畜禽养殖业向水体排放的氮元素占农业环节的 90.7%，可见，畜禽养殖业对水体的污染排放是造成辽宁省农业环节产生巨大水体负荷的重要原因。畜禽养殖业产生的粪尿通过填埋方式处理的氮元素为 10.31 万吨，占产生量的

15.6%，这部分氮元素对土壤产生巨大污染负荷，应该减少粪尿填埋处理量。研究表明，辽宁省实际养殖量已严重超过环境容量，必须严格控制甚至缩小畜禽养殖规模，提高畜禽粪便资源化利用率以降低氮污染风险。

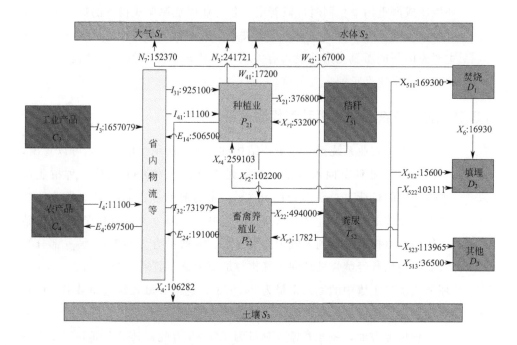

图6-8　辽宁省农业系统氮代谢拓扑结构图（单位：t）

6.3.3　辽宁省居民生活系统氮元素代谢分析

辽宁省居民生活系统氮代谢拓扑结构如图6-9所示。由图6-9可以看出，2013年，辽宁省居民生活系统产生的生活污水中含氮元素122242t，其中有16136t氮元素不经任何处理直接排入水体环境，有106106t氮元素经市政管道或排污沟渠排入集中污水处理厂进行集中处理，生活污水氮元素集中处理率达86.8%。但是，集中污水处理厂去除的氮元素仅为23215t，氮元素去除率仅为21.9%，这导致仍有82333t氮元素排入水体环境，造成严重的水体污染。氮元素去除率低的主要原因有：

①集中污水处理厂运行效率低，由于运行经费不足等原因，导致大多数集中污水处理厂很难达到满负荷运行要求；

②污水处理技术严重滞后，目前大多数集中污水处理厂主要采用以

去除 BOD 和 SS 为主要目标的活性污泥技术，而污水除氮、脱磷工艺亟待开发和利用。

因此，应该进一步提高生活污水处理率，大力提升氮元素去除率，以减少生活污水对水体环境的污染。

另外，辽宁省居民生活环节向大气排放氮元素 23526t，其中生活燃料燃烧排放的氮元素占 33.2%，污水处理过程排放的氮元素占 66.8%。

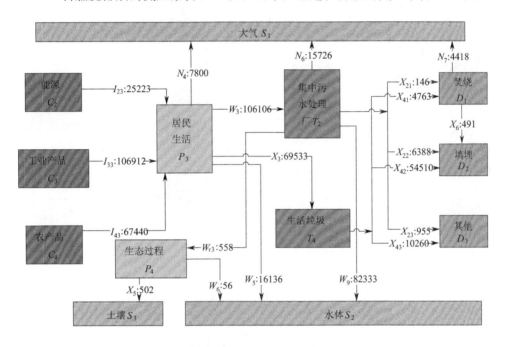

图 6-9　辽宁省居民生活系统氮代谢拓扑结构图（单位：　t）

6.4　辽宁省磷元素代谢分析

6.4.1　辽宁省工业系统磷元素代谢分析

辽宁省工业系统中与磷元素有较多关联的行业可细分为采选业、食品工业、化学原料及化学制品制造业、医药制造业、纺织业和其他行业 6 类。

辽宁省工业系统磷代谢拓扑结构如图 6-10 所示。

2013 年，辽宁省工业系统废水磷元素产生量为 2632.5t，其中采选业产生的 1653t 磷元素全部循环利用，其余的磷元素经企业污水处理设

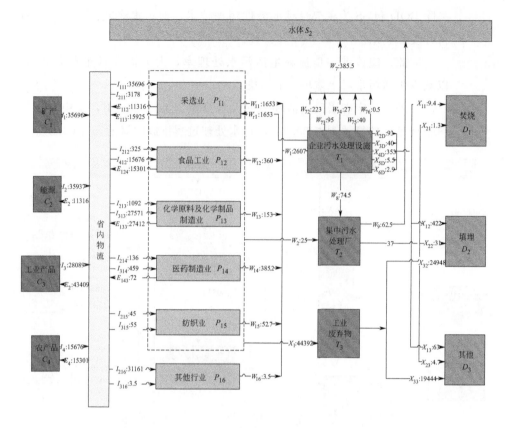

图 6-10 辽宁省工业系统磷代谢拓扑结构图（单位：t）

施和集中污水处理厂处理后，有 447.6t 磷元素排入水体环境，经两环节处理去除进入污泥的磷元素为 531.9t。辽宁省各行业磷元素水体负荷情况如表 6-6 所列。由表 6-6 可以看出，辽宁省工业系统废水磷元素总体去除率为 54.3%，低于氮元素总体去除率；除医药制造业废水磷去除率较高外，其他行业废水磷去除率都比较低，主要原因是工业废水中总氮含量远高于总磷含量，导致企业注重废水中氨氮和总氮的去除，经常忽略总磷的去除。造成磷元素水体负荷较大行业有：食品工业和化学原料及化学制品制造业，两个行业造成的磷元素水体负荷占工业系统水体总负荷的 82.7%，说明这两个行业是工业系统减少磷元素水体负荷的重点行业。

土壤负荷方面，工业环节向土壤环境排放磷元素 25412t，这部分磷元素的主要来源是工业系统产生的固体废物。2013 年，辽宁省工业系统产生的固体废物分为两类：产品生产过程中产生的工业固体废物和废水处理过程中产生的污泥。工业固体废物中磷元素的含量为 44392t，其中有 19444t 磷元素通过再利用等处理方式进行综合利用，综合利用率为 43.8%，说明辽宁省工业固体废物磷元素综合利用率偏低。剩余 56.2% 磷元素通过焚烧、填埋等处理方式进入土壤环境，这部分磷元素很难得到回收利用，造成磷资源的极大损失。因此，应该加大工业固体废物磷资源回收利用的比重，提高工业固体废物磷元素综合利用率，以减少磷元素对土壤环境的污染。

表 6-6　辽宁省各行业磷元素水体负荷

项目	废水磷产生量/t	磷去除量/t	磷去除率/%	水体负荷/t	水体负荷比例/%
食品工业	375	115	30.7	260	58.1
化学原料及化学制品制造业	159	49	30.8	110	24.6
医药制造业	387	356	92	31	6.9
纺织业	55	9	16.4	46	10.3
其他行业	3.5	2.9	82.9	0.6	0.1
总量	979.5	531.9	54.3	447.6	100

6.4.2　辽宁省农业系统磷元素代谢分析

辽宁省农业系统磷代谢拓扑结构如图 6-11 所示。

由图 6-11 可以看出，2013 年，辽宁省农业环节向水体排放磷元素 25715t；其中种植业对水体产生的负荷占总负荷量的 4.3%，畜禽养殖业占 95.7%。可以看出，畜禽养殖业是农业环节产生磷元素水体负荷的主导行业，必须控制该行业对水体环境造成的磷元素污染。辽宁省农业环节向土壤环境排放磷元素 230465t，根据磷元素的来源可将其分为两类：一类是以化肥形式输入土壤环境而未被农作物利用的磷元素，这类磷元素污染主要是磷肥的过度使用造成的；另一类是农业废物（秸秆、粪便）经焚烧、填埋处理后排入土壤环境的磷元素，这类磷元素污染主要是农业废物处理方式不合理造成的。两类磷元素对土壤环境的影响都比较大，所以既要从源头减少磷肥的投入量，又要从末端改善农业废物处理方式，以达到降低土壤环境磷元素污染的目的。

种植业方面，磷元素输入总量为 356840t，其绝大部分磷元素以化肥的形式输入到种植系统中；以农产品形式输出系统的磷元素为 132965t，

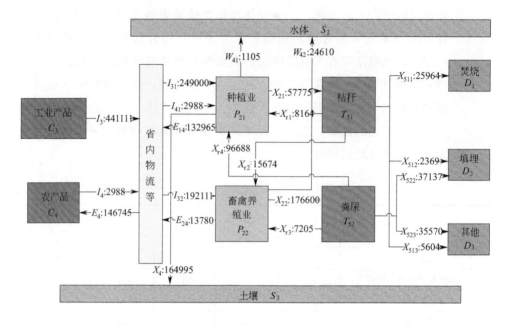

图 6-11　辽宁省农业系统磷代谢拓扑结构图（单位：t）

占输入总量的 37.3％，可见种植系统磷元素利用效率很低。研究表明，辽宁省农业种植系统磷肥投入量已严重超过农作物生长所需的磷元素，农作物生产过程中磷肥的过度使用，不可避免地造成了磷元素的极大损失，从而增加磷元素残留在土壤环境的数量以及随农田径流和淋溶进入水体环境的数量，对土壤环境和水体环境造成污染。农作物秸秆带走的磷元素为 57775t，其中约有 50％磷元素经焚烧、填埋处理方式进入土壤，对土壤环境产生污染。这说明农作物秸秆的回收利用率比较低，从而造成较多磷元素损失到土壤环境中。

　　畜禽养殖业方面，畜禽产生的粪便和尿液对环境造成了巨大污染。2013 年，辽宁省畜禽养殖业以粪尿形式产生的磷元素总量为 201210t，其中有 24610t 磷元素流入水体，占磷元素产生总量的 12.2％，占农业环节磷元素流入水体环境总量的 95.7％。可见，畜禽养殖业是农业环节产生磷元素水体负荷的主导行业，必须控制该行业对水体环境造成的磷元素污染。畜禽养殖业产生的粪尿通过填埋方式处理的磷元素为 37137t，占磷元素产生总量的 18.5％，这部分磷元素对土壤产生巨大污染负荷，应该减少粪尿填埋处理量。其余的粪尿通过资源回收利用的方式返回到农业系统及其他行业系统中，其畜禽粪便资源回收利用率为 69.3％。因此，必须提高畜禽粪便资源回收利用率以减少磷元素对水体和土壤环境的污染。

6.4.3 辽宁省居民生活系统磷元素代谢分析

辽宁省居民生活系统磷代谢拓扑结构如图 6-12 所示。

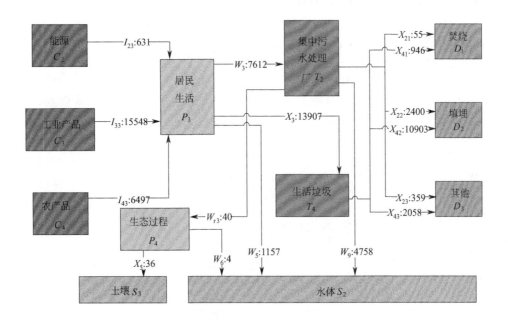

图 6-12 辽宁省居民生活系统磷代谢拓扑结构（单位： t）

由图 6-12 可以看出，2013 年，辽宁省居民生活产生的生活污水中含磷元素 8769t，其中有 1157t 磷元素不经任何处理直接排入水体环境，有 7612t 磷元素经市政管道或排污沟渠排入集中污水处理厂进行集中处理。进入集中污水处理厂的磷元素一部分经物理、化学、生物等除磷工艺后被去除进入污泥中，一部分以回用水的形式被省内生态过程所利用，剩余的磷元素则以废水形式流入水体环境中。

从图 6-12 中可以看出，集中污水处理厂磷元素去除率极低，仅为 37%。造成这一局面的主要原因有：

① 集中污水处理厂运行效率低，由于运行经费不足等原因，导致大多数集中污水处理厂很难达到满负荷运行；

② 污水处理技术严重滞后，目前，大多数集中污水处理厂主要采用以去除 BOD 和 SS 为主要目标的活性污泥技术，而污水脱磷、除氮工艺

亟待开发和利用。

因此，必须提高集中污水处理厂污水处理率和磷元素去除率，以减少磷元素向水体环境的排放，降低水体富营养化的风险。

6.5 辽宁省硫元素代谢分析

6.5.1 辽宁省工业系统硫元素代谢分析

辽宁省工业系统中与硫元素有较多关联的行业细分为化学原料及化学制品制造业、石油加工及炼焦工业、非金属矿物制品业、采选业、电力及热力生产供应业、黑色金属冶炼和压延加工业以及其他行业 7 类。如图 6-13 所示。

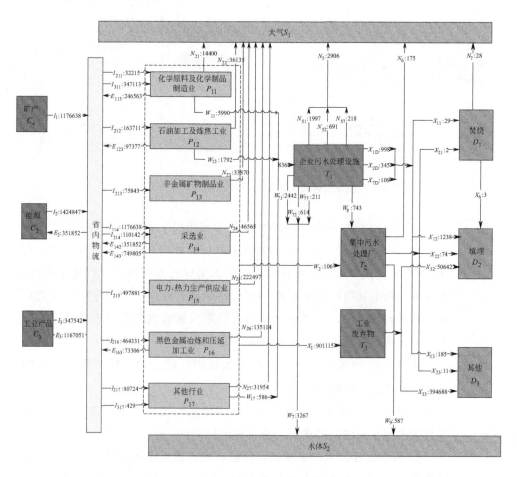

图 6-13　辽宁省工业系统硫代谢拓扑结构图（单位：t）

工业系统是造成辽宁省大气环境硫元素污染最重要的环节。2013年，辽宁省工业系统向大气环境排放硫元素523616t，其中绝大部分硫元素排放是由煤炭等能源的消耗引起的。辽宁省各行业硫元素能源投入量和硫元素大气负荷情况如图6-14所示。可以看出，向大气环境排放硫元素较多的行业有电力、热力生产供应业与黑色金属冶炼和压延加工业，两个行业向大气环境排放的硫元素占工业系统大气总负荷的68.3%，而两个行业的总能源投入量占工业系统能源投入总量的67.5%，说明能源消耗过程向大气排放大量硫元素，对大气环境造成严重污染。同时可以看出，各行业以能源形式投入的硫元素与各行业造成的大气负荷成一定的正比关系，这说明工业系统造成大气负荷的主要原因与能源硫元素的投入有关，可以从减少能源硫元素的投入着手，缓解工业系统对大气环境的硫元素污染程度。

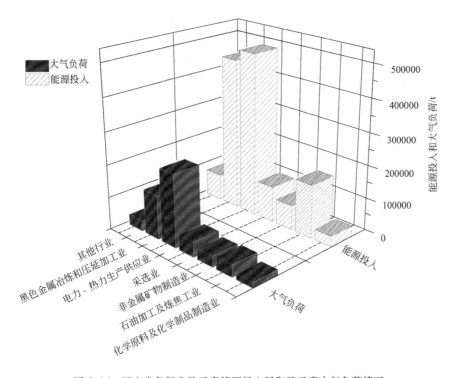

图6-14　辽宁省各行业硫元素能源投入量和硫元素大气负荷情况

6.5.2　辽宁省居民生活系统硫元素代谢分析

　　辽宁省居民生活系统硫代谢拓扑结构如图6-15所示。

由图 6-15 可以看出，硫元素主要以能源和工业产品的形式进入居民生活系统，其中能源占 63.5%，工业产品占 36.5%。与工业系统类似，煤炭等能源的投入势必对大气环境产生较大影响；2013 年，居民生活系统因能源消耗而向大气环境排放的硫元素为 39850t，占居民生活系统大气总负荷量的 81.4%；可见，控制能源投入量仍是防治大气污染的最重要手段。2013 年，辽宁省居民生活系统产生的生活污水中含硫元素 26372t，其中向水体环境排放硫元素 19056t，占硫元素产生量的 72.3%。经集中污水处理厂处理的硫元素为 22891t，被去除的硫元素为 7316t，因此，可知集中污水处理厂硫元素去除率为 32%。与氮元素和磷元素相似，硫元素的去除率也处于很低的状态。因此，必须提高集中污水处理厂硫元素的去除率，从而减少硫元素向水体环境的排放。

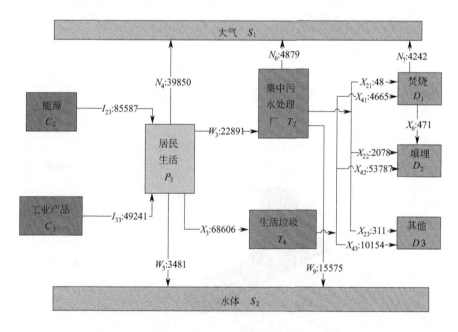

图 6-15　辽宁省居民生活系统硫代谢拓扑结构图（单位：　t）

参考文献

[1]　中华人民共和国环境保护部. 中国环境统计年报 2013 [M]. 北京：中国环境出版社，2014.

[2]　武娟妮，石磊. 工业园区氮代谢——以江苏宜兴经济开发区为例 [J]. 生态学报，2010，30（22）：6208-6217.

[3]　国家统计局，环境保护部. 中国环境统计年鉴 2014 [M]. 北京：中国统计出版社，2014.

［4］ Sabine B. Feeding the city：Food consumption and flow of nitrogen，Pairs，1801—1914 ［J］．Science of the Total Environment，2007，375（1）：48-58.

［5］ 黄云凤，张珞平，洪华生．小流域氮流失特征及其影响因素 ［J］．水利学报，2006，37（7）：801-806.

［6］ 韩冰，王效科，欧阳志云．城市面源污染特征的分析 ［J］．水资源保护，2005，21（2）：1-4.

［7］ 侯培强，王效科，郑飞翔．我国城市面源污染特征的研究现状 ［J］．给水排水，2009，35：188-193.

［8］ 娄金生，谢水波，何少华．生物脱氮除磷原理与应用 ［M］．长沙：国防科技大学出版社，2002.

［9］ 孙锦宜．含氮废水处理技术与应用 ［M］．北京：化学工业出版社，2003.

［10］ 韩魁声．污水生物处理工艺技术 ［M］．大连：大连理工大学出版社，2004.

［11］ 陈敏鹏，陈吉宁，赖斯芸．中国农业和农村污染的清单分析与空间特征识别 ［J］．中国环境科学，2006，26（6）：751-755.

［12］ 刘毅．中国磷代谢与水体富营养化控制政策研究 ［D］．北京：清华大学，2004.

［13］ 王琪．我国城市生活垃圾处理现状及存在的问题 ［J］．环境经济杂志，2005，10（22）：23-29.

［14］ 张自杰．排水工程 ［M］．4版．北京：中国建筑工业出版社，2000.

［15］ 郑兴灿，李亚新．污水除磷脱氮技术 ［M］．北京：中国建筑工业出版社，1998.

［16］ 毕于运．秸秆资源评价与利用研究 ［D］．北京：中国农业科学院，2010.

［17］ 仇焕广，井月，廖绍攀．我国畜禽污染现状与治理政策的有效性分析 ［J］．环境科学，2013，33（12）：2268-2273.

［18］ 武淑霞．我国农村畜禽养殖业氮磷排放变化特征及其对农业面源污染的影响 ［D］．北京：中国农业科学院，2005.

［19］ 仇焕广，莫海霞，白军飞．中国农村畜禽粪便处理方式及其影响因素 ［J］．中国农村经济，2012，3：78-87.

［20］ 毛应淮，杨子江．工业污染核算 ［M］．北京：中国环境科学出版社，2007.

［21］ 张孟辉．基于SFA对典型区域环境负荷的源解析 ［D］．沈阳：东北大学，2017.

第三篇

环境负荷及水环境风险评价

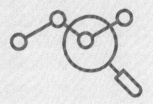

第 7 章 ▶▶

物质代谢的环境负荷分析

基于辽宁省氮、磷、硫代谢分析，本章对三种元素代谢过程进行联合分析，探讨三种元素在代谢过程中的区别与联系，识别代谢结构中的关键环节和关键流，并为辽宁省因氮、磷、硫而引起的严重的环境负荷提供合理的建议措施。

7.1 物质代谢结构与通量分析

基于氮、磷、硫元素代谢分析可知，三种元素主要以矿产、能源、工业产品、农产品的形式输入辽宁省社会经济系统，一部分经工业、农业等环节加工制造后以能源、工业产品、农产品的形式输出社会经济系统，一部分最终以废弃物的形式排放到生态环境中。由此可知，辽宁省社会经济系统是一个较为开放式的系统，氮、磷、硫三种元素在系统内的代谢呈线性过程，因废物回用而形成的代谢回路极少，造成较多的废物不能回用而直接排入生态环境中，对生态环境造成巨大压力。而没有形成有效回路的主要原因是生活垃圾、污泥等固体废物的控制方式不合理，过分强调末端治理，忽略资源再利用。大部分固体废物经焚烧、填埋控制方式进入生态环境，而这两种控制方式很难使固体废物中的氮、磷、硫元素得到回收利用，造成三种元素的极大损失。

在元素代谢拓扑结构上，氮元素分布最为广泛，代谢过程最为复杂，而磷元素和硫元素的分布和代谢过程则相对简单。具体表现为：硫元素代谢缺少与农业环节相关的节点与流股，磷元素代谢缺少大气节点以及与其有关的流股，氮元素代谢涵盖了所有的节点和流股，同时氮代谢过程还增加了大气流向工业的流股和省内外物流贸易流向大气的流股。图 7-1 为辽宁省氮、磷、硫代谢通量比例图；其中，C_4、P_2、P_4、T_5 为硫元素代谢缺少的节点，S_1 为磷元素代谢缺少的节点。

输入源方面，氮元素的输入量为 533.9 万吨，磷元素的输入量为 58.2

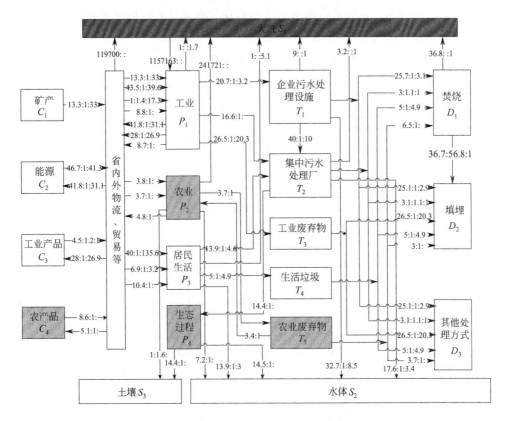

图 7-1　辽宁省氮、磷、硫代谢通量比例图 (图中比例数字缺失的代表不包括这种流)

万吨，硫元素的输入量为 308.4 万吨，氮、磷、硫的输入量之比为 9.2：1：5.3；可见辽宁省社会经济系统对氮、硫元素的需求量远高于磷元素的需求量。另外，三种元素在物质的输入形式方面有很大差异：

①　氮元素主要以工业产品（33.4%）的形式输入辽宁省社会经济系统，原因是农业种植生产中需要消耗大量的氮肥和复合肥；其次以能源的形式（32%）输入，原因是工业生产和居民生活需要消耗含有大量氮元素的煤炭等能源；与磷、硫元素代谢过程相比，氮元素代谢过程中比较特别之处在于输入源中有大气的输入，而且其所占比例约为 21.7%，原因是氮肥在生产过程中需要通过人工固氮的方式生产尿素和合成氨。

②　磷元素主要以工业产品（83.3%）的形式输入辽宁省社会经济系统，原因是农业种植生产中需要消耗大量的磷肥和复合肥。

③　硫元素主要以能源（49%）的形式输入辽宁省社会经济系统，原因是工业生产和居民生活需要消耗含有大量硫元素的煤炭等能源；其次以

矿产（38.2%）的形式输入，原因是辽宁省硫铁矿石的开采量巨大，2013年其开采量为214.23万吨。

辽宁省社会经济系统输入源情况如图7-2所示。从图7-2中可以看出，氮元素和硫元素对物质形式的依赖程度相对均匀，而磷元素则过度依赖于工业产品的输入，约有83.3%的磷元素以工业产品的形式输入辽宁省社会经济系统；在工业产品中又以高浓度的磷肥和复合肥为主，间接说明辽宁省磷代谢体系过度依赖于磷化工行业。

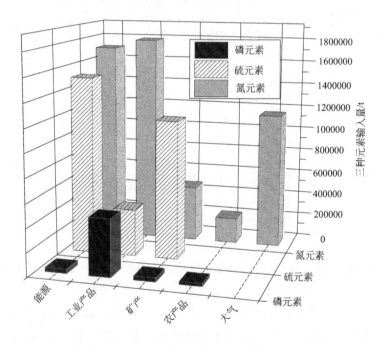

图7-2　辽宁省社会经济系统三种元素输入源状况

三种元素输出源主要分为两部分：一部分以产品的形式输出社会经济系统；另一部分以废物、废气、废水的形式排入生态环境。氮元素产品输出量为319.5万吨，磷元素产品输出量为27.9万吨，硫元素产品输出量为192.4万吨。以物质输入量为基准，可定义氮、磷、硫代谢系统的产品转化率。产品转化率的定义可表述为产品输出量与物质输入量之比，它表征了系统对投入物质的利用水平。由此可知，氮元素的产品转化率为59.8%，磷元素的产品转化率为48.1%，硫元素的产品转化率为62.4%。可见，辽宁省社会经济系统氮、磷、硫三种元素的产品转化率都不是很高。相对于氮元素和硫元素，磷元素的产品转化率最低，其数值还不到50%，这说明辽宁省社会经济系统对磷元素的利用水平较低，造成了磷元素的极大浪费，进而加剧了磷元素对生态环境的污染。

2013 年，辽宁省社会经济系统氮元素环境输出量为 214.4 万吨，磷元素环境输出量 30.2 万吨，硫元素环境输出量为 116 万吨。氮、磷、硫三种元素分别排入大气环境、水体环境和土壤环境的情况如图 7-3 所示。由图 7-3 可以看出，氮、磷、硫三种元素向土壤环境排放的元素量较多，分别占各自环境输出总量的 45.5％、89.4％和 48.6％。较多的氮、磷、硫元素累积在土壤环境中的主要原因有：a. 氮肥、磷肥等化肥投入过剩，导致营养元素不能被农作物吸收利用而累积在土壤环境中；b. 生活垃圾等固体废物经焚烧、填埋方式处理的比例较大，导致元素很难回收利用而残留在土壤环境中。同时，氮元素和硫元素向大气环境排放的元素量也很多，分别占各自环境输出总量的 40.6％和 49.4％。煤炭等能源的消耗和固体废弃物的焚烧是造成大量氮、硫元素排入大气环境的主要原因。此外，与硫元素不同，造成氮元素严重大气负荷的原因还有投入农田的氮肥的挥发和机动车尾气氮氧化物的排放。氮、磷、硫三种元素向水体环境排放的元素量较少，分别占各自环境输出总量的 13.9％、10.6％和 2％，但是导致了严重的水体污染，尤以水体富营养化最为严重，说明辽宁省的水体环境十分脆弱。

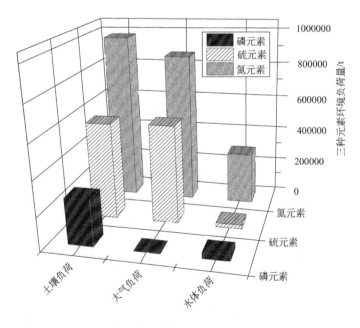

图 7-3　辽宁省环境负荷状况

7.2 物质代谢的水体环境负荷

经上文分析可知，造成辽宁省水体污染的主要污染源分布在工业环节、农业环节和居民生活环节。2013 年，主要污染源向辽宁省水体环境排放的氮、磷、硫元素量分别为 297840t、32078t、22910t，分别占各自输入总量的 5.6%、5.5% 和 0.74%。辽宁省各类污染源水体负荷比例如图 7-4 所示。

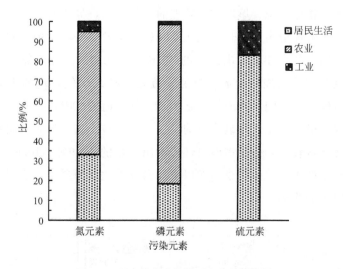

图 7-4　辽宁省各类污染源水体负荷比例

从图 7-4 可以看出，辽宁省氮、磷元素各类污染源的水体负荷比例结构基本相似，氮、磷元素水体负荷最大的环节都是农业环节，分别占各自水体总负荷的 61.8% 和 80.2%；其次是居民生活环节，占各自水体总负荷的 33.1% 和 18.4%。硫元素缺少农业环节；硫元素水体负荷最大的环节是居民生活环节，占硫元素水体总负荷的 83.2%。氮、磷、硫三种元素水体负荷最小的环节都是工业环节，分别占各自水体总负荷的 5.1%、1.4% 和 16.8%。因此，三种污染源对水体负荷的贡献程度可基本确定为：农业环节（氮 61.8%、磷 80.2%）＞居民生活环节（氮 33.1%、磷 18.4%、硫 83.2%）＞工业环节（氮 5.1%、磷 1.4%、硫 16.8%）。

而农业环节产生的水体负荷绝大部分来源于畜禽养殖业。辽宁省农业环节水体负荷比例如图 7-5 所示。无论氮元素还是磷元素，畜禽养殖业造成的水体负荷占农业环节水体总负荷的 90% 以上，造成畜禽养殖业巨大水体负荷的主要原因是现有的饲养技术造成畜禽对养分的吸收效率低下，从而导致畜禽业产生的粪尿数量巨大，而养殖业对粪尿的处理方式较为简单，造成粪尿循环利用效率低。

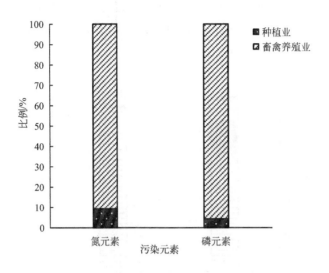

图 7-5 辽宁省农业环节水体负荷比例

同时，三种元素在居民生活环节造成的水体负荷明显高于工业环节；居民生活环节造成的氮元素水体负荷是工业环节的 6.5 倍，居民生活环节造成的磷元素水体负荷是工业环节的 13.2 倍，居民生活环节造成的硫元素水体负荷是工业环节的 4.9 倍。一方面说明辽宁省对工业废水的治理已有明显成效；另一方面说明辽宁省对生活污水的处理还存在很大缺陷。无论从数量还是从污染程度来看，生活污水中氮、磷、硫元素对水体环境的影响已远远超过工业废水。所以，若仅注重工业环节工业废水的治理，而忽略居民生活环节生活污水的治理，势必无法从根本上减少辽宁省水体总负荷。因此，必须将防治氮、磷、硫元素引起水体污染的工作重心转移到农业环节和居民生活环节。

7.3 物质代谢的大气环境负荷

经上文分析可知，三种元素产生大气负荷的主要来源有很大差别。磷元素对大气环境几乎没有负荷作用，原因是与磷元素的其他储库相比大气环境中磷元素含量极少，而且由于气态化合物 PH_3 在潮湿的空气中极不稳定，因此磷元素进入大气环境的数量可忽略不计。硫元素产生大气负荷的主要源头是工业环节、居民生活环节和废物焚烧环节。与硫元素相比，氮元素产生大气负荷的主要源头还包括农业环节和机动车运输环节。2013年，主要污染源向辽宁省大气环境排放的氮、硫元素量分别为871483t和572614t，分别占各自输入总量的16.3%和18.7%。辽宁省各类污染源大气负荷比例如图7-6所示。

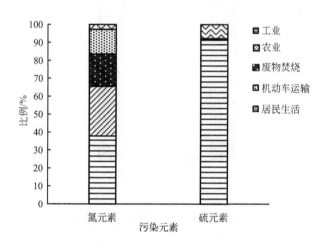

图 7-6　辽宁省各类污染源大气负荷比例

从图7-6中可以看出，氮代谢过程中各类污染源对大气负荷的贡献程度可表述为：工业环节（37.8%）＞农业环节（27.7%）＞废物焚烧环节（18.1%）＞机动车运输环节（13.7%）＞居民生活环节（2.7%）。硫代谢过程中各类污染源对大气负荷的贡献程度可表述为：工业环节（91.4%）＞居民生活环节（7.8%）＞废物焚烧环节（0.8%）。无论氮元素还是硫元素，工业环节都是造成大气负荷最多的环节，分别占各自大气总负荷的37.8%和91.4%，这主要与能源的消耗有关。但是，在硫代谢过程中工业环节对大气负荷的贡献程度占有绝对优势，居民生活和废物焚烧环节对大气环境造成的压力较小。而氮代谢过程中，尽管工业环节是造成大气负荷最多的环节，但农业、废物焚烧和机动车运输三个环节对大气负荷的贡献程度与工业环节则相差不大，分别占氮元素大气总负荷的27.7%、18.1%和13.7%。因此，在大气氮元素污染防治工作中，不仅要注重工业环节对大气环境的污染，同时也要注重农业、废物焚烧、机动车运输环节对大气环境的影响。

7.4 物质代谢的土壤环境负荷

将土壤类型划分为耕地土壤和非耕地土壤；其中，耕地土壤主要接纳农作物生产过程中未被利用的化肥，而非耕地土壤主要接纳各种固体废物。造成辽宁省土壤污染的主要污染源有工业环节、农业环节和居民生活环节。2013 年，主要污染源向辽宁省土壤环境排放的氮、磷、硫元素量分别为 974344t、270181t、564079t，分别占各自输入总量的 18.2%、46.4% 和 18.3%。辽宁省各类污染源土壤负荷比例如图 7-7 所示。

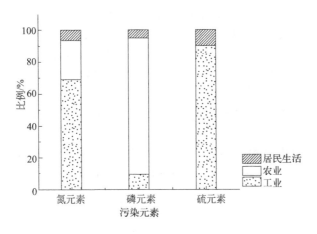

图 7-7　辽宁省各类污染源土壤负荷比例

从图 7-7 中可以看出，氮、硫元素土壤负荷最大的环节都是工业环节，分别占各自土壤总负荷的 68.9% 和 90%。其主要原因是工业环节产生大量含有氮、硫元素的工业固体废物（粉煤灰、炉渣等），但辽宁省一般工业固体废物的综合利用效率偏低，仅为 43.8%；剩余的一般工业固体废物经填埋、废弃等处理方式进入非耕地土壤环境。与氮、硫元素相比，磷元素各类污染源的土壤负荷比例结构有很大不同。磷元素土壤负荷最大的环节是农业环节，占磷元素土壤总负荷的 85.3%。其主要原因是农业生产过程中磷肥的过度使用使得大量的磷元素残留在耕地土壤中。综上所述，氮代谢过程中各类污染源对土壤负荷的贡献程度可表述为：工业环节（68.9%）＞农业环节（24.8%）＞居民生活环节（6.3%）；磷代谢过程中各类污染源对土壤负荷的贡献程度可表述为：农业环节（85.3%）＞工业环节（9.4%）＞居民生活环节（5.3%）；硫代谢过程中各类污染源对土壤负荷的贡献程度可表述为：工业环节（90%）＞居民生活环节（10%）。

参考文献

[1] 第一次全国污染源普查资料编纂委员会. 污染源普查产排污系数手册 [M]. 北京：中国环境科学出版社，2011.

[2] 国家统计局，环境保护部. 中国环境统计年鉴 2014 [M]. 北京：中国统计出版社，2014.

[3] 辽宁省统计局. 辽宁统计年鉴 2014 [M]. 北京：中国统计出版社，2014.

[4] 刘治. 中国食品工业年鉴 2014 [M]. 北京：中华书局，2014.

[5] 中国农业年鉴编辑委员会. 中国农业年鉴 2014 [M]. 北京：中国农业出版社，2015.

[6] 中华人民共和国国家统计局. 中国统计年鉴 2014 [M]. 北京：中国统计出版社，2014.

[7] 中华人民共和国国家统计局工业统计司. 中国工业统计年鉴 2014 [M]. 北京：中国统计出版社，2014.

[8] 中华人民共和国国家统计局能源统计司. 中国能源统计年鉴 2014 [M]. 北京：中国统计出版社，2015.

[9] 中华人民共和国环境保护部. 中国环境统计年报 2013 [M]. 北京：中国环境出版社，2014.

[10] 张孟辉. 基于 SFA 对典型区域环境负荷的源解析 [D]. 沈阳：东北大学，2017.

第8章

▶▶

物质代谢的水环境风险评价

为了改善生态环境问题，我国在各地建立了首批国家试点生态城（镇），通过工业园区内物流和能量的正确设计模拟自然生态系统，形成企业间共生网络。在生态工业园区内的各企业内部实现清洁生产，做到废物源减少，并且在各企业之间实现废物、能量和信息的交换，以达到尽可能完善的资源利用和物质循环以及高效的能量利用，使得区域对外界的废物排放量减小，达到对环境友好的目的。生态产业园区具有生活区、工业区高度集中的特点，主要产业是以高新技术为指导的第三产业和高端制造业。正是这种特点，导致生态产业园的生活污水、工业污水高度集中排放，这种排放方式可以有效地实现污水集中处理，然而给园区水环境带来的局部压力与以往的工业园区大有不同。另外，废水高度集中处理与排放也极易给周围水环境带来严重风险，不仅直接威胁人民群众的生活质量和身心健康，而且严重影响着当地的生态安全、经济发展和社会稳定。因此，建立一套针对生态产业园区物质代谢的水环境风险评价体系尤为重要。

本章以"深圳国际低碳城"为例，进行水环境风险评价分析。

8.1 "深圳国际低碳城"发展概况

8.1.1 地理位置及规划分区

"深圳国际低碳城"是我国首批试点生态城（镇）之一，致力于探索发达城市相对落后区域的新型城镇化低碳发展之路。该项目位于深圳市龙岗区坪地街道，处于深圳、东莞、惠州三市的交界地带，由于该项目启动时间较晚，当前发展水平整体而言相对较低，与此相对的是相对较高的碳排放强度。目前已建成区占全区域建设用地的 60% 以上，与深圳主城区相隔 40km，与龙岗中心城相距 6km，位于深圳向东向北拓展的战略通道上，此处是深惠高速、惠盐高速、外环高速及地铁 3 号线的交汇处，拥有良好的地理区位优势。项目总规划面积 $53.4km^2$，其中包括 $5km^2$ 的拓展区、$1km^2$ 的启动区。下辖 9 个社区，总人口 17 万。项目从空间位置划分共分为 8 个规划区域，即航空航天产业区、高端装备产业区、节能环保产业区、科技居住区、低碳新能源产业区、低碳产业服务区、低碳生活服务区及生命健康产业区。

8.1.2 经济发展状况

深圳国际低碳城自 2012 年启动以来，人均地区生产总值明显增加。截至 2015 年，人均地区生产总值已达到 8.36 万元，与 2012 年相比增长了接近 1 倍，缩小了与全市的差距。将人均地区生产总值进行横向比较，深圳国际低碳城人均地区生产总值在近五年来与龙岗区的差距越来越小，越来越接近深圳市的平均水平。

在深圳国际低碳城内聚集了一大批高端产业，完成了主导产业转型为高端产业，通过比较 2011～2015 年坪地街道三大产业的生产总值及其占地区生产总值的比重可以发现，自 2012 年深圳国际低碳城建设以来，第二产业和第三产业的比重不断上升，第一产业的比重下降十分明显，符合低碳城在建设阶段工业和建筑业投入较多的现状；同时积极引入第三产业的优质项目和企业，在未来第三产业将快速发展，产业结构将进一步优化。

8.1.3 产业结构

为更好地了解深圳国际低碳城内的水环境信息，需要调查深圳国际低碳城内的产业结构与分布。在深圳国际低碳城成立之前，坪地镇的主要产业为塑料、五金、家具等行业，属于高污染、低产出的产业。2012年国际低碳城项目启动后，淘汰了大量的低端产业，并充分发挥国际低碳城的品牌影响力，吸引了一大批拥有核心技术的高新科技企业。低碳城将全力发展节能环保产业、航空航天产业、低碳新能源产业、生命健康产业、高端低碳装备制造业以及新兴低碳服务业六大产业门类。2011年经街道认定的国家高新技术企业只有 15 家，截至 2015 年增长了253％，已达到 53 家。

据调查，在启动区聚集的企业共涵盖 16 个行业大类，其中包括 13 个工业大类，均属于制造类。在 13 类工业企业中，单位数量最多的企业分别是电器机械和器材制造业，专用设备制造业，计算机、通信及其他电子设备制造业，分别为 14 家、8 家和 7 家，在企业总数的占有比重为 64.4%。

工业类别及行业类别分别见图 8-1 和图 8-2。

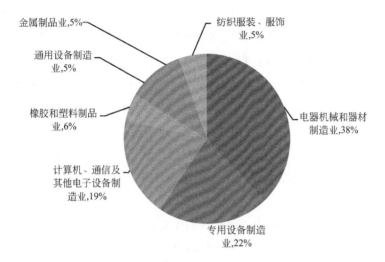

图 8-1　工业类别

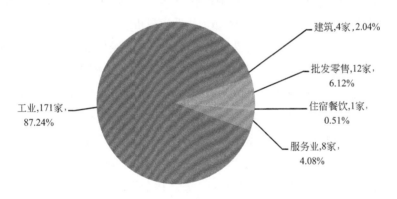

图 8-2　行业类别

8.1.4　水资源状况

在深圳国际低碳城的 $53km^2$ 占地面积中，生态用地占比约为 50%，拥有极佳的自然属性。三面环山，周边景观生态资源丰富，且位于龙岗河流域的下游区域，拥有丰富的水利资源。作为东江流域的重要水源区，龙岗河流域下游是惠州市乃至东江下游地区的主要饮用水源。龙岗河流域的生产生活用水主要由东江水源提供，流域近七成的供水从深圳境外通过东江供给。因此，龙岗河流域的水环境状况不仅影响着东江流域下游地区的用水安全，同样影响着流域自身以及深圳市的用水安全；并且兼具着灌溉、景观、泄洪的作用。

根据"十三五"环境保护规划的要求，龙岗河流域 2017 年水体目标是消除黑臭水体，重点河段部分水质指标基本达 IV 类，NH_3-N 指标达到 V 类，饮用水源水质达标率达到 100%。2020 年，水环境质量总体改善，交接断面（上洋断面）基本达到地表水 IV 类标准。饮用水源地水质达标率稳定在 100%。到 2025 年，流域水环境质量全面改善，达到地表水 III 类标准（水质再上一个档次），打造水清、岸绿、健康的龙岗河流域名片。在生态修复方面，2017 年形成干流及主要支流的绿色生态走廊；2020 年，流域河流干、支流生态基本恢复；到 2025 年，生态系统实现重建和良性循环。

深圳国际低碳城内的河流水系主要包括龙岗河部分河段、丁山河中下游段及坉梓河。龙岗河源自梧桐山北麓，位于深圳市东北部，流经深圳市龙岗区下辖的横岗、龙城、龙岗、坪地 4 个街道辖区，在吓陂村附近流入惠阳区内。深圳境内共有集雨面积 $280km^2$（龙岗区境内 $253.53km^2$），主河长约 35.62km，总落差 924m，从低山村进入低碳城，吓陂处流出至低碳城。丁山河从深惠两市交界处进入低碳城，流经低碳城后汇入龙岗河，全长 6.4km 的河段位于低碳城内。坉梓河水源地为坉梓水库，流经低碳城，汇入龙岗河，整条河流均位于低碳城内。由于历史遗留问题，上述 3 条河流的水资源都深刻影响着整个低碳城的经济、环境和社会发展。随着 2012 年低碳城项目的启动及建设，低碳城内的水环境状况有了很大的改进，在一定程度上解决了以往的"黑、臭、杂、乱"等问题。但仍需进一步分析水质中各种污染物的含量及其对生态环境的影响。

8.2 "深圳国际低碳城" 水环境现状

鉴于常规检测数据不足的原因，本研究采用水质现状监测的方法来获得水质监测数据，根据深圳国际低碳城内的用水情况调查可知，工业污染源和生活污染源是园区内水环境污染物的两大主要来源，再根据园区内的工业企业类型与结构及各类工业的水环境污染物排放特征，选择营养状况指标、生态学状况指标、特征状况指标以及重金属污染指标作为水质监测指标。营养状况指标反应园区的水体富营养化风险程度，包括 NH_3-N、TP、TN、COD；生态学状况指标反映园区水环境景观状况恶化的风险程度，包括浊度、悬浮物、水温、pH 值、叶绿素 a、DO、BOD_5、大肠菌群含量；特征状况指标反映园区工业特征污染物污染风险程度，包括氯化物、石油类、氟化物、氰化物、挥发酚、硫化物；重金属污染指标反映水环境的重金属污染风险程度，包括汞、铜、镉、铅、铬（六价）。共四类 23 项监测指标，按照《水和废水分析方法》以及《地表水和污水监测技术方案》(HJ/T 91—2002) 等相关规定对样品进行分析。

8.2.1 龙岗河

龙岗河位于深圳市东北部，发源于梧桐山北麓，是东江二级支流淡水河的上游段，流经深圳市龙岗区下辖的横岗、龙城、龙岗、坪地 4 街道辖区，从低山村处进入低碳城，吓陂处流出低碳城。全长 35.53km（低碳城内 8km），集雨面积 616.53km^2（低碳城内 138.81km^2），平均年径流深为 980mm，河流平均比降 0.27%。平均年径流量为 3.318×10^{8}m^3，平均比降 0.27%（深圳市水资源公报）。

（1）营养状况指标

根据水质监测数据，低碳城内龙岗河 NH_3-N 的浓度范围是 1.482～2.375mg/L，处于地表水质量标准中的 4、5 类水质标准；TP 浓度范围是 0.415～0.61mg/L，平均值为 0.52mg/L，其浓度范围处于地表水标准的 5 类水中，因此 TP 污染也较为严重。TN 浓度范围是 7.2～11.71mg/L，平均值为 10.12mg/L，严重超出了地表水质量标准 5 类水（2.0mg/L）的 4 倍，因此龙岗河的 TN 污染相当严重；COD 的浓度范围是 13.5～20.5mg/L，平均值为 17.33mg/L，污染程度较低，符合地表水环境质量标准的 2、3 类标准。

（2）生态学状况指标

龙岗河的浊度和悬浮物较高，尤其是进入园区后的浊度增长速度十分明显，经过实地考察发现龙岗河两岸拥有较为完善的湿地建设，且离河岸均设有绿色防护带，因此究其主要原因是丁山河和杶梓河的水体汇入龙岗河导致其浊度增长。pH 值变化范围为 7.13～7.98，酸碱度处于正常范围。叶绿素 a 的浓度范围是 3.875～7.965μg/L，平均值为 5.29μg/L。DO 浓度在 4.8～6.6mg/L 之间，符合国家 2、3 类水质标准，没有出现缺氧现象。龙岗河内所有监测点的大肠菌群含量都处于地表水劣 5 类水质标准（$>4\times10^4$ 个/L），污染较为严重。

（3）特征污染物

龙岗河中氯化物的平均浓度超过了 50mg/L，污染情况较为严重。石油浓度在 0.025～0.065mg/L 之间，浓度相对较低，处于地表水一类水质标准。氟化物浓度在 0.45～0.62mg/L 之间，整体而言，河流的氟化物浓度变化相对平稳，并且氟化物污染程度较低。河流中氰化物、挥发酚、硫化物这三类污染物浓度均低于检出限（＜0.004mg/L、＜0.005mg/L、＜0.0003mg/L），因此可忽略这三类污染物给龙岗河带来的影响。

（4）重金属指标

龙岗河重金属污染程度很低，只有 Cu 的浓度超过检测线，但也处于非常低的标准，其他重金属元素浓度在龙岗河各监测点位均未超过检测线。

综上所述，初步认为龙岗河目前存在一定的污染，主要污染物（指标）为 TP、NH_3-N、TN、氯化物、大肠菌群含量；此外，浊度、悬浮物、COD、BOD_5、叶绿素 a、DO、氟化物、石油类等污染物含量（污染指标）较低。整体来看龙岗河的各指标浓度较为均匀，在流经园区的过程中各指标没有发生明显的浓度变化，仅在丁山河和杧梓河的汇入口下游存在污染物浓度增加的现象。其主要原因是龙岗河两岸建有绿色护岸系统以及人工湿地，能够有效地阻止面源污染进入河道，并促进生物物种、水质和栖息地状况的改善。龙岗河部分河段存在污染物指标浓度过高的现象，这主要是由于入境断面的水体流入园区，在流入过程中也产生了较为严重的污染，导致流经园区的过程中污染物浓度较高。

8.2.2　丁山河

丁山河从深圳与惠州两市的交界处流入低碳城，流经低碳城最后汇入龙岗河，位于低碳城内的丁山河河段全长 6.4km。在无雨的情况下，丁山河的径流流量保持在 $3\times10^5\,\mathrm{m}^3/\mathrm{d}$ 左右；当天气状况为小雨或者阵雨时，径流流量能够达到 $4\times10^5\,\mathrm{m}^3/\mathrm{d}$ 以上；在大雨情况下，径流流量增长幅度十分明显，每天可以达到 300 多万立方米，为无雨条件下的 10 倍左右。可见，丁山河具有明显的雨源型河道的特点，降雨对径流流量存在至关重要的影响。

（1）营养状况指标

丁山河 NH_3-N 污染情况十分严重，在丁山河入口区域 NH_3-N 浓度已经达到 10.04 mg/L，远超出地表水质量标准中的 5 类水质标准。分析其主要原因是农业面源对园区与惠州接壤部分产生较为严重的影响，夏季的强降雨产生的地表径流将农业生态系统中未被利用的氮素及其他有机物带入河流中从而造成氨氮污染。TP 浓度范围是 1.425～1.705mg/L，平均值为 1.585mg/L，属于地表水标准的劣 5 类水。TN 浓度在 9.15～11.13mg/L 之间，平均值为 10.038mg/L，严重超出地表水治理标准 5 类水（2.0mg/L）的 4 倍。COD 浓度平均值为 26mg/L，处于地表水质量标准的 3～4 类之间。根据 16# 点位的监测结果显示，各种污染物的含量都呈现正向的增长，NH_3-N、TN、TP 的去除率达到了 50% 以上，其中去处效果最为明显的是 NH_3-N，从 10.04m³/L 降到了 2.01m³/L。然而处理后的水回用到丁山河经过充分混合后流入监测点 2，可以看到污染物含量回到之前的水平，治理效果不明显。

（2）生态学状况指标

丁山河的两岸由于缺少防护带，导致生活垃圾很容易进入丁山河中，因此丁山河的浊度和悬浮物浓度较高。尤其在 4# 监测点位的浊度与悬浮物浓度分别高达 70 度与 35mg/L，分析其主要原因是该点位上方是龙腾桥，车辆行驶产生的扬尘进入丁山河中。pH 值变化范围为 5.95～7.5，酸碱度属于正常范围。叶绿素 a 的浓度范围是 1.07～3.595μg/L，平均值为 1.864μg/L，其污染程度较低。DO 在 1#、2#、3# 三个监测点位浓度相对较高，其平均值达到了 4.35mg/L 左右；而 4#、5# 两个监测点位的 DO 浓度明显减小，甚至存在缺氧现象。大肠菌群含量在 1#、2# 两个监测点位含量较低，仅为 0.79×10⁴ 个/L，流经 3#、4# 监测点位后浓度明显增长，最高达到 51.5×10⁴ 个/L，已经属于地表水劣 5 类水质标准（>4×10⁴ 个/L）。经过实地调查发现在 3#、4# 周边并没有畜禽养殖场等污染源，因此分析其主要原因是生活污水集中排放不达标。根据对各监测点位生态学状态指标的分析，发现丁山河污水站对浊度、悬浮物具有较好的处理效果，去除率达到了 50% 以上，而其他生态学指标的处理效果并不明显，处理后的水回用到丁山河后各指标的污染程度再次回到原来的水平。

（3）特征污染物指标

丁山河的氯化物平均浓度超过了 50mg/L，而未被污染的河流、湖泊中氯化物浓度范围一般为 10～20mg/L，因此氯化物污染程度较为严重。石油类浓度在 0.025～0.275mg/L 之间，在地表水质量标准 4 类（0.5mg/L）水质以下。氟化物浓度范围为 1.2～1.94mg/L，除了入口断面的氟化物浓度超过了 5 类水质标准，其他监测点位的浓度均在 3、4 类水质标准之间。河流中氰化物、挥发酚、硫化物这三类污染物浓度均低于检出限（<0.004mg/L、<0.005mg/L、<0.0003mg/L），因此可忽略这三类污染物给丁山河带来的影响。通过对比湿地出水口与污水站去水口的污染物浓度，可以发现污水处理站对于特征污染物的处理效果主要反映在氟化物上，经过处理后的污水中氟化物浓度降低了 59%，补水到丁山河后氟化物浓度又再次上升，但与 1# 监测点位相比已有了一定的改善，达到了 4 类水质。

（4）重金属指标

丁山河重金属污染程度很低，只有 Cu 的浓度超过检测线，但也处于非常低的标准，其他重金属元素浓度在丁山河各监测点位均未超过检测线。

综上所述，初步认为丁山河整体处于较高的污染水平，营养状况指标（NH_3-N、TP、TN、COD）、生态学状况指标（浊度、悬浮物、溶解氧、BOD_5、大肠菌群含量、叶绿素 a）、特征污染物指标（氯化物、石油类、氟化物）三类指标污染程度均较高。而且入境断面处的污染物浓度就已经维持在较高的水平。为了治理丁山河河水的污染，园区修建了丁山河污水处理站，其功能是处理由惠州流入园区的部分丁山河河水，将处理后的河水再对丁山河进行补水。但是根据各项监测指标的结果，该处理站的处理效果较差，其主要原因有污水站的处理能力过小，处理污水量仅为 $4 \times 10^4 m^3/L$，远小于丁山河的径流量，并且处理过后的水与原河水混合后效果不明显。丁山河下游段位于科技居住区与低碳生活服务区，该区域是低碳城的集中生活区，生活污水集中排放，导致丁山河中各污染物指标明显上升。具体表现在 3#、4# 监测点位的 NH_3-N、COD、浊度、悬浮物、TP、TN、大肠菌群含量上。

8.2.3 枕梓河

枕梓河发源于枕梓河水库，整条河流均位于低碳城内，河长约

5.4km，平均流量 0.29m³/s，平均流速 0.15m/s，平均河宽 3.25m，平均河深 0.6m。

（1）营养状况指标

枹梓河 NH_3-N 浓度在 3.565～9.275mg/L 之间，超出了地表水 5 类水质标准，属于劣 5 类。TP 浓度范围是 0.3～1.095mg/L，平均值为 0.6675mg/L，处于地表水标准的 5 类水中，因此 TP 污染较为严重。TN 浓度范围是 9.15～11.13mg/L，平均值为 10.038mg/L，严重超出地表水质量标准 5 类水（2.0mg/L）的 4 倍。因此，枹梓河的 TN 污染也相当严重。

（2）生态学状况指标

枹梓河的浊度和悬浮物在 1# 监测点位处较低，水质清澈，但是随着河水在园区内的流动，浊度明显增加。pH 值变化范围为 6.94～7.34，酸碱度属于正常范围。叶绿素 a 的浓度范围是 2.05～4.05μg/L，平均值为 3.29μg/L；叶绿素 a 污染水平较低。DO 浓度在 2.8～5.5mg/L 之间，1# 监测点位的 DO 浓度较高，在流经 3#、4# 后 DO 浓度降至 3.0mg/L 以下，处于缺氧状态。大肠菌群含量在 1#、2# 监测点位处于地表水 3～4 类水质标准，而到达 3#、4# 监测点位后类大肠菌群含量明显上升，已经达到了地表水劣 5 类水质标准（>4×10⁴ 个/L），污染程度较为严重。

（3）特征污染物指标

枹梓河中氯化物浓度在河流流经园区的过程中逐渐增加，并且各监测点位的氯化物浓度均处于较高的污染水平。石油类浓度在 1#、2# 监测点位低于 0.1mg/L，污染水平较低，流经 3#、4# 监测点位浓度明显增加，达到了地表水 4 类水质标准，产生了一定的污染。氟化物浓度范围是 0.25～0.7mg/L，整体浓度变化趋势为随着河流流经园区，浓度逐渐增高。氰化物、挥发酚、硫化物这三类污染物浓度均低于检出限（<0.004mg/L、<0.005mg/L、<0.0003mg/L），因此可忽视这三类污染物对枹梓河的影响。

（4）重金属

枹梓河的重金属污染程度很低，只有 Cu 的浓度超过检测线，但也处于非常低的标准，其他重金属元素的浓度在丁山河各监测点位均未超过检测线。

综上所述，初步认为造成枹梓河的主要原因是营养状况指标（NH_3-N、TP、TN、COD），生态学状况指标（浊度、悬浮物、溶解氧、叶绿素 a、BOD_5、大肠菌群含量）以及特征污染物指标（氯化物、石油类、氟化物）三类指标的污染水平较高。通过分析枕梓河各监测点位的各种污染物浓度可知，各污染物浓度在上游处均处于较低的水平，到了 $2^{\#}$、$3^{\#}$ 监测点位各类污染物的浓度急速上升，污染程度越来越高。一方面是由于处于枕梓河污水处理系统截污管网工程纳污范围内的生活污水在管网尚未建设前直接排入枕梓河内，对水质造成了破坏，致使在流经园区后枕梓河水质发生了巨大的变化；另一方面，大量位于枕梓河流域的工程处于在建状态，随着雨水地表径流冲刷建筑砂石、浮土、弃土、垃圾等，流入水体的雨水中会夹带大量泥沙、水泥、化学品、油类等各种污染物导致下游处的各类污染物含量增加。

8.3 水环境风险评价方法

水环境风险评估是指遵从一定的评价原则和技术路线对水环境中的有害因素造成的暴露人群不良健康效应进行综合定性和定量评价的过程。水环境风险评价有着重要的意义，不仅可以保护生态环境和自然资源，为人类的可持续发展服务，而且可以控制污染，为工程设计和建设单位服务。

8.3.1 风险源识别与受体分析

风险源分析是指对存在于区域中的可能对生态系统或组分产生不利作用的干扰进行识别、度量，并进行分析研究。根据产生风险的来源划分可将风险源分为自然风险源与人为风险源两大类。低碳城的风险源主要为人为风险源，即人类活动是危害或严重干扰低碳产业园水环境系统的主要因素。尽管随着低碳城的发展，大量的落后产业被淘汰，但在河流沿岸依然存在部分企业将工业废水直接或间接排入河道的现象。

通过分析低碳城内监测点位的污染物浓度可以看出，整体污染程度较高的河流是丁山河，其营养状况指标（NH_3-N、TP、TN、COD）、生态学状况指标（浊度、悬浮物、溶解氧、BOD_5、大肠菌群含量、叶绿素 a）、特征污染物指标（氯化物、石油类、氟化物）三类指标污染程度均较高龙岗河目前存在一定的污染，主要污染物为 TP、NH_3-N、TN、氯化物、大肠菌群含量。此外，浊度、悬浮物、COD、BOD_5、叶绿素 a、溶解氧、氟化物、石油类等污染物的污染程度较低。枕梓河主要污染来源于营养状况指标污染（NH_3-N、TP、TN、COD），生态学状况指标污染（浊度、悬浮物、溶解氧、BOD_5、大肠菌群含量、叶绿素 a），特征污染物指标污染（氯化物、石油类、氟化物）。

总体而言，营养盐污染是目前深圳国际低碳城所面临的较大污染因素，超过 50% 的监测点位 NH_3-N 浓度均超过了地表水 V 类标准，其余部分点位也超过了地表水 IV 类标准。此外，TP 的污染情况同样不容乐观，只有桉梓河起始点的水质符合 V 类水质标准。污染情况最为严重的是 TN 污染，各监测点位的 TN 浓度已经严重超标，甚至部分监测点位的 TN 浓度达到了 V 类标准的 5～6 倍，污染非常严重。

究其原因是龙岗河与丁山河的入境断面处污染物浓度较高，流入园区的 NH_3-N、TP、TN 浓度分别为 1.482mg/L、0.415mg/L、11.71mg/L 和 10.04mg/L、1.705mg/L、10.55mg/L，营养盐污染程度较高，导致流经园区的水质营养盐污染也相应偏高。与此同时，随着近几年来国际低碳城的快速发展，周边居民的消费水平与生活水平不断提高，消耗了大量洗涤剂等日用产品，随之而来的是日益严重的生活污染，这也是导致河流营养盐污染严重的一个重要原因。尽管低碳城每年都在引进新兴低碳环保企业，同时淘汰低端企业，但仍然还有部分落后企业处于改造过程，这些落后企业的污染物排放也是营养盐污染严重的主要原因之一。

8.3.2　评价指标体系的构建

构建评价指标体系的第一步是根据各指标危害程度的高低，初步筛选出对河流水环境风险影响大的指标，将影响小的指标排除，之后通过 SPSS 中的相关性分析选取尽可能少的、具有代表性的、包含大量指标所能提供信息且相互独立的评价指标，择优保留相关性高的指标，选取尽可能少且携带大量信息的指标。

根据以上选取评价指标的方法，结合已获得的监测点位的污染物浓度，排除挥发酚、氰化物、pH 值、铜、汞、铅、镉、铬（六价）以及水温这几项污染指标，因为水温不会对河流产生明显的危害，其余指标含量相对较低，污染程度也较低。经过相关性分析发现，BOD_5 与 DO、浊度与悬浮物的相关性比较显著，因此排除浊度和 BOD_5 这两项指标。综合以上因素，筛选出来的评价指标体系如图 8-3 所示。

根据各个评价指标对河流水环境质量特征的反映情况，将水环境风险评价指标体系分为三个层次，分别是目标层、要素层和指标层。目标

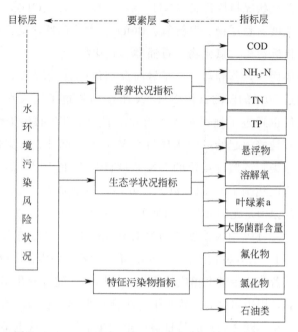

图 8-3 评价指标体系

层是水环境污染风险状况，要素层包括营养状况、生态学状况和特征污染物状况三个方面：反映营养状况的指标是 NH_3-N、TP、TN、COD；反映生态学状况的指标是悬浮物、溶解氧、叶绿素 a、大肠菌群含量；反映特征污染物状况的指标是氯化物、石油类、氟化物。

8.3.3 评价指标分级标准

水环境风险评价的基础是评价指标分级标准，当前还没有公认或统一的水环境风险评价分级标准，本研究通过相关研究成果与《地表水环境质量标准》等，确定河流水质风险评价指标分级标准，根据水环境风险程度的大小共分为无风险、低风险、中度风险、高风险 4 个等级（见表 8-1、表 8-2）。

表 8-1 评价指标分级标准

要素	指标	无风险	低风险	中度风险	高风险
营养状况	COD/(mg/L)	<20	20～30	30～40	>40
	NH_3-N/(mg/L)	<1.0	1.0～1.5	1.5～2.0	>2.0
	TN/(mg/L)	<1.0	1.0～1.5	1.5～2.0	>2.0
	TP/(mg/L)	<0.2	0.2～0.3	0.3～0.4	>0.4

要素	指标	无风险	低风险	中度风险	高风险
生态学状况	悬浮物/(mg/L)	<30	30~60	60~150	>150
	溶解氧/(mg/L)	>5	5~3	3~2	<2
	叶绿素 a/(μg/L)	<4	4~7	7~10	>10
	大肠菌群含量/(个/L)	<10000	10000~20000	20000~4	>4
特征指标状况	氟化物/(mg/L)	<1.0	1.0~1.5	1.5~2.0	>2.0
	氯化物/(mg/L)	<20	20~50	50~100	>100
	石油类/(mg/L)	<0.05	0.05~0.5	0.5~0.1	>0.1

注:本表根据地表水五类水质标准及相关文献总结得出。

表 8-2　不同风险程度下的河流水环境状况

风险分级	水环境系统状况
无风险	没有或轻微人为扰动,河流水环境系统保持自然属性,结构稳定,生态功能强
低度风险	水环境系统保持其自然属性,结构合理、协调,生态功能及恢复力较强,污染物含量在水环境系统的承载能力范围内
中度风险	水环境系统基本维持其自然属性,环境恢复力一般,人为扰动较大,污染物含量已经超出自身承载能力,但只要污染压力消除或减弱,生态系统尚能自我恢复
高度风险	水环境系统自然属性明显改变,组成结构及水体内生物多样性改变程度严重,主要生态功能严重退化或丧失,污染物的浓度超出自身承载能力,即使压力消除或减弱,也难以在短期内恢复,必须辅以外力

8.3.4　评价指标权重的确定

为体现各个评价指标在评价体系中的作用地位与重要程度,在构建评价指标体系时需要赋予各评价指标不同的权重系数。本研究为了保证评价结果的科学性,通过目前发展较为成熟的层次分析法（AHP）计算各评价指标的权重。该方法将随机数学作为工具,通过观察大量数据寻求统计规律,其优点是具有人的思维分析、判断和综合的特征,能够将复杂问题决策化,非常适用于结果难以定量计量的河流水环境风险评价问题。一定的信息是任何系统分析的基础,AHP 的信息基础主要是人们对每一层次各因素的相对重要性给出的判断,用数值将这些判断表示出来,写成矩阵形式就是判断矩阵。

根据 AHP 的方法学,本研究构造的要素层、指标层判断矩阵如表 8-3 所列,丁山河营养状况指标如表 8-4 所列,生态学指标如表 8-5 所列,特征污染指标如表 8-6 所列。

表 8-3 丁山河层次判断矩阵

水环境 列码	行码 R_iC_i	营养状况指标 C_1	生态学指标 C_2	特征污染物指标 C_3
营养状况指标	R_1	1	1/3	1/2
生态学指标	R_2	3	1	2
特征污染物指标	R_3	2	1/2	1

表 8-4 丁山河营养状况指标

水环境 列码	行码 R_iC_i	COD C_4	NH_3-N C_5	TP C_6	TN C_7
COD	R_4	1	1/7	1/2	1/5
NH_3-N	R_5	7	1	1/5	2
TP	R_6	2	1/5	1	1/3
TN	R_7	5	1/2	3	1

表 8-5 丁山河生态学指标

水环境 列码	行码 R_iC_i	悬浮物 C_8	DO C_9	叶绿素 A C_{10}	大肠菌群含量 C_{11}
悬浮物	R_8	1	2	1/3	1/5
DO	R_9	1/2	1	5	1/7
叶绿素 a	R_{10}	3	1/5	1	1/1
大肠菌群含量	R_{11}	5	7	2	1

表 8-6 丁山河特征污染指标

水环境 列码	行码 R_iC_i	氟化物 C_4	氯化物 C_5	石油类 C_6
氟化物	R_{12}	1	1/3	2
氯化物	R_{13}	3	1	1/4
石油类	R_{14}	1/2	4	1

经过对各层的判断矩阵进行一致性检验，获得各层次的指标权重如表8-7 所列。

表 8-7 计算结果

目标层	要素层	要素层权重	指标层	指标层权重
园区水环境	营养状况指标	0.540	COD	0.0681
			NH_3-N	0.1669
			TN	0.4849
			TP	0.2801
	生态学状况指标	0.297	悬浮物	0.1224
			溶解氧	0.0706
			叶绿素 a	0.1701
			大肠菌群含量	0.5715

目标层	要素层	要素层权重	指标层	指标层权重
园区水环境	特征污染物指标	0.163	氟化物	0.2969
			氯化物	0.5396
			石油类	0.1635

8.3.5　模糊综合评价法

　　河流对于流域自然环境变化和人类活动具有较为敏感的响应，由于社会、自然、经济等各方面因素之间的相互作用，且不同因素对河流水环境系统的产生的影响也不同，导致很难明确划分风险等级的界限，使风险评价结果具有模糊性。并且由于对河流认识的局限性、数据获取的不充分性等原因，使得河流水环境污染风险评价的结果存在许多不确定性，风险等级划分的模糊性以及评价结果的不确定性决定了在水环境风险评价中运用模糊综合评价方法的客观需要。

　　根据模糊数学的隶属度理论，模糊理论法将定性评价转化为定量评价，即对受到多种因素制约的对象通过模糊数学方法做出一个总体评价。在环境风险评价中常存在一些不确定因素导致评价结果失真，可采用模糊集合理论将评价结果的可靠性提高，通过隶属度函数划分风险等级获得风险较大的区域。薛英等基于模糊评价法构建了塔里木河干流环境风险评价模型，将塔里木河流域环境风险分为 5 个评价等级，分别是为较轻风险、轻度风险、中度风险、较重风险和重度风险。评价指标分为正向指标和逆向指标两类，对于两类指标分别进项隶属度计算，各种评价指标的隶属度计算公式如下。

　　1）风险逆向指标

　　指标值随着河流环境风险程度的增长而减小。

　　① 当 $x_i > a_{i,1}$ 时：

$$r_{i,1} = 1, r_{i,2} = r_{i,3} = r_{i,4} = 0$$

　　② 当 $a_{i,k} \geqslant x_i \geqslant a_{i,k+1}$ 时：

$$r_{i,k} = \frac{x_i - a_{i,k+1}}{a_{i,k} - a_{i,k+1}} \tag{8-1}$$

$$r_{i,k+1} = \frac{a_{i,k} - x_i}{a_{i,k} - a_{i,k+1}} \tag{8-2}$$

$$(k = 1,2,3,4)$$

　　③ 当 $x_i < a_{i,4}$ 时：

$$r_{i,1}=r_{i,2}=r_{i,3}=0,r_{i,4}=1$$

式中　x_i——第 i 项指标的实际测量值；

　　　$a_{i,k}$——第 i 项指标的第 k 级评价标准；

　　　$r_{i,k}$——第 i 项指标对于第 k 级风险程度的相对隶属度。

2）风险正向指标

指标值随着河流水质风险程度的增长而增长。

① 当 $x_i < a_{i,1}$ 时，

$$r_{i,1}=1,r_{i,2}=r_{i,3}=r_{i,4}=0$$

② 当 $a_{i,k} \leqslant x_i \leqslant a_{i,k+1}$ 时，

$$r_{i,k}=\frac{a_{i,k+1}-x_i}{a_{i,k+1}-a_{i,k}} \tag{8-3}$$

$$r_{i,k+1}=\frac{x_i-a_{i,k}}{a_{i,k+1}-a_{i,k}} \tag{8-4}$$

$$(k=1,2,3,4)$$

③ 当 $x_i > a_{i,4}$ 时，

$$r_{i,1}=r_{i,2}=r_{i,3}=0,r_{i,4}=1$$

最后根据最大隶属度原则，将与 $\max_{1 \leqslant i \leqslant 5}\{x_i\}$ 对应的风险等级作为最终评判结果。

但是单一的模糊理论方法自身存在一定的问题，该方法无法解决对于评估指标间相互造成的信息重复问题，且采用多目标模型确定隶属度的过程比较烦琐；而层次分析法计算、判断、调整工作量大，不适用于较为复杂的系统。因此，多种理论相结合的风险评价方法应运而生。二者对比见表 8-8。

表 8-8　风险评估理论对比

评价方法	优点	缺点
模糊理论	结果清晰，系统性强；能较好地解决模糊的难以量化的问题；适合解决各种非确定性问题	不能解决评价指标之间造成的信息重复问题，因素权重带有一定主观性，多目标模型确定隶属度烦琐
层次分析	能统一处理评价中的定性定量因素；具有实用性、系统性、简洁性	对象不能太多，计算、判断调整工作量大，精度不高，主观臆断性大，适用于较简单的系统

在构建水环境污染风险评价指标体系的过程中，要确定评价级数，本研究的第一级评判为指标层对要素层，第二级评判为要素层对目标层，构成模糊综合评价模型。

（1）建立层次结构模型

将总目标记为 U，分为 m 个因素 U_i（$i=1$，2，$\cdots$，m），即 $U=\{U_1$，U_2，$\cdots$，$U_m\}$。其中，U_i 为包含 n 个指标的各要素，即 $U_i=\{U_{i1}$，U_{i2}，$\cdots$，$U_{i,n}\}$。

（2）层次分析法确定各层次指标对水质污染影响程度

通过层次分析法计算获得每一层的权重，反映各个要素、指标对水质污染的影响程度，分别包括指标层相对于要素层影响程度集 $A_i=(a_{i,1}$，$a_{i,2}$，$\cdots$，$a_{i,m})$ 与要素层相对于目标层影响程度集 $A=(a_1$，a_2，$\cdots$，$a_m)$。

（3）根据隶属度函数建立模糊评价矩阵

根据以上公式计算隶属度，确定从评价指标（m 为指标数量）到水质风险评价等级（$n=4$）的模糊关系矩阵。

$$R=(r_{i,j})_{m \times n}\begin{bmatrix} r_{1,1} & \cdots & r_{1,n} \\ \vdots & \ddots & \vdots \\ r_{m,1} & \cdots & r_{m,n} \end{bmatrix} \tag{8-5}$$

（4）水质污染风险模糊综合评价

水质风险评价指标体系共分为三层，因此需要进行两级模糊评判。具体通过对各评价指标的影响程度集 A 和模糊关系矩阵 R 进行矩阵运算，得到最终的模糊综合评价集 B。

① 一级评判：指标层相对于要素层的模糊评判

$$B_i=A_iR_i=(a_{i,1},a_{i,2},\cdots,a_{i,m})\begin{bmatrix} r_{i,1,1} & \cdots & r_{i,1,n} \\ \vdots & \ddots & \vdots \\ r_{i,m,1} & \cdots & r_{i,m,n} \end{bmatrix}=(b_{i,1},b_{i,2},b_{i,3},b_{i,4},b_{i,5})$$

$$\tag{8-6}$$

式中 $i=1$，2，$\cdots$，m。

② 二级评判：要素层相对目标层模糊评价

$$B=AR=A\begin{bmatrix} A_1 & & R_1 \\ \vdots & \ddots & \vdots \\ A_m & & R_m \end{bmatrix}=(b_1,b_2,b_3,b_4) \tag{8-7}$$

式中 b_i——评价指标对第 i 个等级的隶属度。

最后根据最大隶属度原则，取与 $\max_{1 \leqslant i \leqslant 4}\{b_i\}$ 对应的风险等级作为最终评判结果。

本研究结合层次分析法与模糊理论进行计算，使用层次分析法量化风险评估指标体系中的各指标权重，利用模糊综合法计算风险隶属度，使评估指标间造成的信息相互重复的问题得到了有效的解决，对评价中的定性定量因素进行了统一处理，系统性强，结果清晰。

8.4 水环境风险评价结果

采用上述方法计算得到龙岗河、丁山河、杶梓河的水环境风险评价结果。

（1）营养状况指标污染风险

整体上，深圳国际低碳城内河流的营养状况处于高度风险水平。只有杶梓河上游部分的营养状况风险程度较低，其余部分均处于高风险状态。分析其主要原因有以下两个方面：一方面是龙岗河是丁山河和杶梓河的受纳水体，由于这两条河流的污染物流入龙岗河，致使龙岗河的营养污染风险增加，此外龙岗河的上游段存在污染物大量排放的情况，龙岗河流入园区处的水质营养状况也处于高风险状况；另一方面丁山河的上游段位于惠州市，丁山河的下游段位于低碳城内，惠州市的污染物流入丁山河造成水质恶化，导致丁山河的水质进入园区时就已经由于州市的污染物流入导致了恶化。杶梓河为低碳城的内部河流，营养风险水平从低风险突然变成高风险，其主要原因是杶梓河两岸存在污水偷排的现象，并且两岸缺乏防护带，区域内面源污染物可以直接进入河道。需尽快采取治理措施，防止发生河流富营养化的事件。

（2）生态学指标污染风险

只有丁山河和杶梓河上游的生态学状况风险程度较低，其余部分均处于高风险状态。丁山河和杶梓河在流经园区的过程中生态学状况风险程度由低到高的主要原因是水体内的大肠菌群含量的急剧增长。大肠菌群是人和动物肠道中的正常栖居菌，主要通过粪便的形式进入水体。鉴于河流两岸及周边并没有规模化的养殖场，因此分析其主要原因是园区内部大量生活污水的集中排放。龙岗河在园区内全段的生态状况均处于高风险水平，其主要原因是园区排放的生活污水均通过丁山河、杶梓河汇聚到龙岗河中，应及时采取有效措施，否则园区内水体会再次转变为黑臭水体，水环境景观将受到严重破坏。

（3）特征污染指标污染风险

整体来看园区内特征污染物风险较为良好，只有丁山河上游部分的特征指标污染风险处于高风险状况，其余部分均处于低风险或中度风险状况。园区内的工业企业是特征污染物的主要来源，因此特征污染物指标反映了园区内工业企业的水体排放污染物的程度。根据《龙岗区水资源公报》，丁山河在深圳国际低碳城项目开始前一直处于工业废水重度污染状态，多种化学污染物和重金属浓度严重超标。因此，相比于之前丁山河在工业废水污染方面已经得到了很大的改善，主要是由于新型低碳环保产业取代了大量高污染企业，工业污染排放降低，园区的特征污染风险已经得到了较好的控制。

（4）综合风险程度

结合三类风险评价结果分析，园区内水环境整体仍处于较高的风险状态。其中贡献度较大的是营养风险状况和生态学风险状况，这两方面风险较高的主要原因有 3 点：

① 入境断面处缺乏强有力的水环境治理力度，进入园区的水体本身就具有较高的景观恶化风险和富营养化风险；

② 随着低碳城的发展人口数量急剧增长，与之前相比生活污水排放量大大提高，而相应的生活污水处理措施及标准却没有及时得到改善；

③ 低碳城的污水排放模式由以前的散乱排放转变为集中排放，增加了水环境的局部环境压力。

需尽快借助外力对园区内水环境进行生态修复，防止原本通过治理得到改善的水环境状况再次恶化。

参考文献

[1] 何龙庆，林继成，石冰. 菲克定律与扩散的热力学理论 [J]. 安庆师范学院学报（自然科学版），2006（04）：38-39.

[2] 齐文启，连军，孙宗光.《地表水和污水监测技术规范》（HJ/T91—2002）的相关技术说明 [J]. 中国环境监测，2006（01）：54-57.

[3] 许开立，王永久，陈宝智. 多目标模糊评价模型与评价等级计算方法 [J]. 东北大学学报，2001（05）：568-571.

[4] 许雄飞. 地表水环境质量标准 109 项分析方法优化 [D]. 长沙：中南大学，2010.

[5] 薛英，王让会，张慧芝，等. 塔里木河干流生态风险评价 [J]. 干旱区研究，2008（04）：562-567.

[6] 于达，刘萍，史峻平. 松花江水污染模型研究 [J]. 数学的实践与认识，2009，39（11）：104-108.

[7] 祖波，周领，李国权，等. 三峡库区重庆段某排污口下游污染物降解研究 [J]. 长江流域资源与环境，2017，26（01）：134-141.

[8] 叶周. 基于 GIS 的区域水环境风险评价及预警研究 [D]. 沈阳：东北大学，2018.

第四篇

环境负荷
对策分析及
预警措施

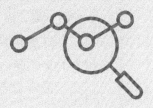

第9章

▶▶

物质代谢环境负荷的模拟评估及对策

9.1 典型行业环境控制对策模拟评估

本节以提高物质生产效率为例，运用元素物质代谢拓扑结构模型对其对策的潜在效果进行定量模拟与评估。通过情景分析与定量模拟，探讨物质生产效率与环境负荷之间的关系，验证提高物质生产效率这一对策的可行性与实用性。同时，本节选取畜禽养殖氮素代谢系统进行分析；选取该系统的主要依据是：

① 畜禽养殖业是产生水体负荷最大的行业，该行业氮素水体负荷占辽宁省水体总负荷 1/2 以上；

② 畜禽养殖业氮素生产效率低下，仅为 22.4%；其物质生产效率提高潜力较大。

以畜禽养殖氮素代谢系统为例，模拟评估提高物质生产效率这一环境控制对策，需要做出的合理假设有：

① 畜禽养殖业的生产力水平不变，即该行业的产品输出量不变，仍为 191000t；

② 畜禽养殖业粪便处理水平不变，即粪便各种处理方式的比例结构不变；

③ 秸秆回用到畜禽养殖环节的流通量不变，即仍为 102200t。

在以上 3 点假设的基础上，通过合理提高畜禽养殖业的氮素生产效率，探讨其对水体环境负荷的影响。研究表明，一定养殖条件下，牲畜吸收养分效率的提高潜力在 21%～42% 之间，家禽吸收养分效率的提高潜力在 17%～40% 之间。基于此结论，我们认为通过采用推荐日粮配方、提高科学养殖技术等措施，将畜禽养殖业的物质生产效率提高 17.6%，即提高到 40% 是完全可行的。表 9-1 给出畜禽养殖业氮素生产效率分别为 25%、30%、35% 和 40% 条件下的饲料投入量、粪便处理量及水体负荷情况。可以看出，在上文给出的 3 个假设条件下，氮素生产效率的提高，必然导致饲料投入量的减少，畜禽养殖业氮素生产效率从原始状态提高到40％时，其饲料投入量减少364415t，减少了约49.8％的饲料投入。同时，随着氮素生产效率的提高，畜禽养殖业产生水体负荷的量在逐渐减少；通过采用先进的饲养技术等措施将畜禽养殖业的氮素生产效率提高到40％时，其产生的水体负荷下降到72484t，是原始状态水体负荷的43.4％。

表 9-1　畜禽养殖业不同氮素生产效率下各流通量的变化情况

情形	氮素生产效率/％	饲料投入量 I_{32}/t	粪便还田量 X_{r4}/t	粪便回用量 X_{r3}/t	粪便处理量 $X_{522}+X_{523}$/t	水体负荷 W_{42}/t
原状态	22.4	731979	259103	17821	217076	167000
一	25	646329	223470	15471	189090	144969
二	30	522434	173810	12033	147070	112754
三	35	433937	138338	9577	117056	89743
四	40	367564	111735	7736	94545	72484

图 9-1 给出氮素生产效率为 40％时畜禽养殖业的氮元素代谢过程。由此可知，控制饲料投入总量、提高物质生产效率能够有效缓解畜禽养殖业的水体负荷状况。

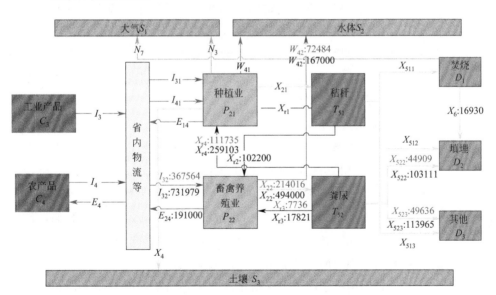

图 9-1　氮素生产效率为 40% 时畜禽养殖业氮代谢拓扑结构图（单位：t）

9.2 流入地表水体磷元素调控措施的模拟分析

9.2.1 预测方法的选择

通过对流入地表水体中磷元素质量的预测来进一步判断造成水体富营养化的主要原因，并为制定相应的决策提供合理依据。目前常用的预测方法主要有回归分析预测、灰色预测、时间序列预测和人工神经网络预测等。

（1）回归分析预测

回归分析预测是通过一个自变量来对一个或多个因变量进行预测，基于观测数据建立变量间的相互依赖关系，分析数据之间的内在联系，用于控制和预测等问题。回归分析预测通过建立自变量与因变量之间的数学模型，并对所建立的数学模型进行 R2 检验、F 检验和 T 检验，在符合条件的情况下将自变量的数值带入建立的回归数学模型中，从而得到因变量的预测值。

（2）灰色预测

灰色预测是对含有不确定因素的变量的系统或过程进行预测的一种方法。灰色预测根据原始数据的不同，可构造出不同的预测模型，灰色预测不建立数学模型，它根据历史数据来建立模型，预测未来，不受样本容量限制；灰色预测的实质是反映数据的一种发展趋势，历史数据的特点对其预测效果影响较大。

（3）时间序列预测

时间序列预测是历史数据的延伸预测，该方法也被称为历史引申预测法。该方法是将历史数据随时间变化形成的时间序列加工成一个白噪声序列进行处理。但时间序列预测方法存在的滞后性，会对预测精度产生一定的影响，当历史数据发生异常变化时，由于滞后性的影响，预测结果无法对其立即做出相应的反应，将会使预测结果失真。

（4）人工神经网络预测

人工神经网络预测可以在给定的输入输出信号的基础上，对数据进行并行处理，建立起输入-输出之间的非线性数学模型，而后只需给定未来的一组输入值就能得到相应的输出值。人工神经网络因其学习能力以及可以通过学习来掌握输入、输出之间的复杂依从关系，具有良好的数据非线性拟合能力，因此采用人工神经网络进行预测具有较好的预测精度，且得到的预测结果的可靠性较大。人工神经网络预测的特点如下：

① 人工神经网络可以通过对样本数据进行学习，充分逼近任意一个复杂的输入-输出非线性关系，实现对具有多个影响因素的复杂系统的预测；

② 人工神经网络具有较强的信息综合能力，具有很强的鲁棒性和容错性；

③ 人工神经网络采用并行分布的数据处理方法，具有快速寻找最优化解的能力。

鉴于回归分析预测对自变量要求较高，而引入过少的自变量会使预测模型无法完整地描述整个过程，引入过多的自变量则会增加模型的计算量，降低模型的稳定性，且综合预测能力较差，对自变量和因变量之间的关系不能完全合理地进行反映。若灰色预测的预测周期太长，则会产生较大的误差。时间序列预测的预测周期较短，只能对未来下一周期的数据进行预测，且影响因素在未来发生很大变化时，预测结果会产生较大的偏差。综合比较，这里选择人工神经网络进行预测。

9.2.2　基于 BP 神经网络预测流入水体磷流量

9.2.2.1　BP 神经网络的构建

我国流入水体中的磷元素绝大部分来源于禽畜养殖的粪便，在规模养殖中蛋鸡、肉羊、肉鸡的粪便是规模养殖禽畜粪便排泄总量的主要组成，在家庭饲养中肉羊和蛋鸡的粪便是家庭饲养禽畜粪便排泄总量的主要组成。规模养殖粪便中磷元素流入水体的量取决于未经过城市污水处理的磷，家庭饲养粪便中磷元素流入水体的量取决于粪便不用于还田的磷。规模养殖禽畜的粪便来源按比例从大到小分别为蛋鸡、肉羊、肉鸡、肉猪、奶牛、肉牛，家庭饲养禽畜的粪便来源按比例从大到小分别为肉羊、蛋鸡、肉猪、肉牛、肉鸡、奶牛。综合比较后，选取城镇污水处理率、农村粪便还田率、肉羊规模养殖比例、蛋鸡规模养殖比例、肉猪规模养殖比例5 个参数作为 BP 神经网络的输入。把禽畜养殖的粪便流入水体总量作为 BP 神经网络的输出。

神经网络的训练数据如表 9-2 所列。

表 9-2　神经网络的训练数据

时序	输入神经元					目标值
年份	城镇污水处理率	农村粪便还田率	肉羊规模养殖比例	蛋鸡规模养殖比例	肉猪规模养殖比例	流入水体中磷总量
1995	0.197	0.970	0.03	0.19	0.15	42.98
1996	0.236	0.970	0.06	0.23	0.15	50.05
1997	0.258	0.960	0.06	0.28	0.16	66.67
1998	0.296	0.960	0.08	0.34	0.18	84.16
1999	0.319	0.057	0.09	0.38	0.18	85.63
2000	0.343	0.930	0.11	0.41	0.19	101.75
2001	0.364	0.900	0.12	0.42	0.23	119.10
2002	0.400	0.880	0.13	0.50	0.27	141.61
2003	0.421	0.860	0.16	0.52	0.29	153.17
2004	0.457	0.850	0.15	0.58	0.34	157.20
2005	0.520	0.840	0.17	0.63	0.40	166.83
2006	0.557	0.833	0.18	0.67	0.49	170.21
2007	0.627	0.830	0.17	0.72	0.48	172.09
2008	0.702	0.830	0.19	0.77	0.44	156.54
2009	0.753	0.820	0.21	0.79	0.61	152.32
2010	0.823	0.820	0.23	0.79	0.65	134.08
2011	0.836	0.810	0.23	0.86	0.61	131.95
2012	0.873	0.810	0.23	0.90	0.64	119.48
2013	0.893	0.800	0.24	0.94	0.66	116.26

在神经网络隐含层数的选择上，理论上一个三层的 BP 网络可以无限逼近一个任意的连续函数，因此本节构建的 BP 神经网络只有一个隐含层。

BP 神经网络的训练过程就是对网络权值不断进行修正直至训练步数超过设定值或网络输出误差小于预定值。BP 神经网络可采用的训练算法有很多种，主要包括最速下降 BP 算法（traingd）、动量 BP 算法（traingdm）、弹性 BP 算法（trainrp）、变梯度算法（traincgf）、拟牛顿算法（trainbfg）和 LM 算法（trainlm）等。相比而言，LM 算法效率较高，因此这里采用该算法对 BP 网络进行训练。

BP 神经网络的层与层之间的传递函数如图 9-2 所示，共有 3 种，分别为 Log- sigmoid 函数、Tan-sigmoid 函数、Purelin 函数。一般隐含层选取 S 形曲线 Sigmoid 函数，输出层一般选择线性函数 Purelin。在传递函数的选择上，通过只改变隐含层的传递函数而其余参数均固定的方法，用上述样本训练 BP 神经网络，发现传递函数使用 tansig 时要比 logsig 的误差小。因此在之后的训练上，隐含层传递函数选为 tansig，输出层传递函数选为 purelin。

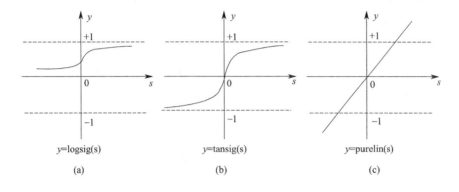

图 9-2　3 种传递函数

隐含层神经元的个数对整个网络的预测精度有很大的影响，神经元的个数过少会使网络的预测精度不够，而隐含层的神经元个数过多则会出现过拟合现象，以至于降低网络的泛化能力。

目前主要是根据以下 3 个经验公式来确定神经元的个数：

$$N = \sqrt{m+n} + a \tag{9-1}$$

$$N = \log_2 n \tag{9-2}$$

$$N = \sqrt{nl} \tag{9-3}$$

式中　n——输入节点数；

　　　m——输出节数；

　　　a——1～10 的常数；

　　　l——隐含层的层数。

确定隐含层神经元个数还有一种途径：首先使隐含层神经元的个数可变，设置足够多的隐含层神经元个数，通过不断学习剔除那些不起作用的神经元直到隐含层神经元个数不可减少为止；或者在一开始设置较少的隐含层神经元个数，学习到一定次数后，若不成功则逐渐增加隐含层神经元个数直到达到合理的隐含层神经元个数为止。

本节中，输入节点数为 5，输出节点数为 1，根据经验公式，隐含层神经元个数应该为 2～12。通过试探与比较从而确定最佳的隐含层神经元个数，因此隐含层神经元个数一开始设置为 2，经过比较分析，当神经元个数为 4 时预测效果最好。

构建的 BP 神经网络如图 9-3 所示，是一个输入节点为五种、输出节点为一种；只有一个隐含层，隐含层神经元个数为四个；隐含层传递函数为 Tan-sigmoid，输出层传递函数为 Purelin 的神经网络。

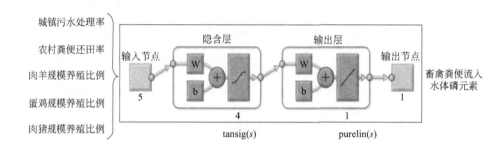

图 9-3　三层 BP 神经网络

9.2.2.2　BP 神经网络的训练

BP 神经网络会选取输入数据的 70% 作为训练数据，15% 作为验证数据，15% 作为测试数据。通过对网络各参数不断调试并且训练精度达到预期之后，神经网络会输出训练、验证、测试和综合的误差性能曲线，如图 9-4 所示（书后另见彩图）。

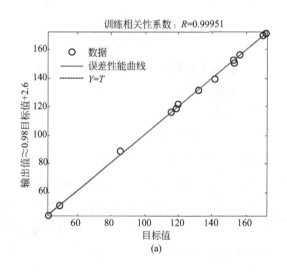

(a)

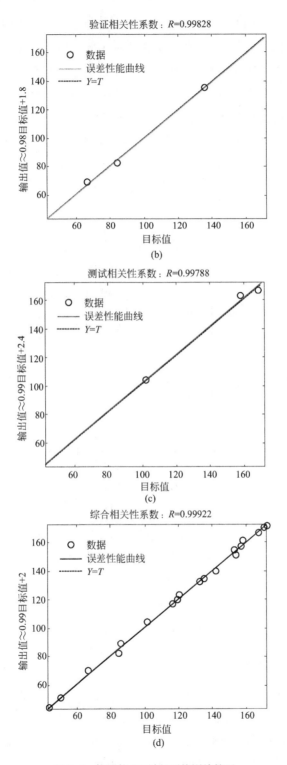

图 9-4　构建的 BP 神经网络训练情况

从图 9-4 可以看出，建立的神经网络对 1995～2013 年 19 年的输入数据，选择其中 13 组作为训练数据对网络进行训练，输出值和目标值间的相关性系数达到 0.99951；选择其中 3 组作为验证数据，输出值和目标值间的相关性系数达到 0.99828；选择其中 3 组作为测试数据，输出值和目标值间的相关性系数达到 0.99922。由此可知，训练好的 BP 神经网络对原始数据已经进行了很好的学习，并且通过训练学习达到了目标误差的要求。训练的 BP 神经网络输出情况如表 9-3 所列。

表 9-3 训练的 BP 神经网络输出情况

年份	目标值	输出值	绝对误差	年份	目标值	输出值	绝对误差
1995	42.98	43.67	1.60%	2005	166.83	165.62	0.73%
1996	50.05	50.98	1.85%	2006	170.21	169.84	0.22%
1997	66.67	68.84	3.25%	2007	172.09	170.85	0.72%
1998	84.16	82.08	2.47%	2008	156.54	156.83	0.19%
1999	85.63	88.54	3.40%	2009	152.32	152.87	0.36%
2000	101.75	102.87	1.10%	2010	134.08	133.83	0.18%
2001	119.1	119.50	0.33%	2011	131.95	131.80	0.12%
2002	141.61	139.47	1.51%	2012	119.48	121.84	1.97%
2003	153.17	150.70	1.61%	2013	116.26	116.35	0.08%
2004	157.2	160.58	2.15%				

从表 9-3 中可以看出训练好的 BP 神经网络的输出值与目标值之间的误差，除去 1997 年与 1999 年，输出值与目标值间的绝对误差较大（分别为 3.25% 和 3.40%）之外，其余年份的绝对误差均小于 3%。综合图 9-3 可知，构建的三层的 BP 神经网络对输入的 19 组数据进行了良好的学习，训练结果与目标数值的相关程度达到 0.99922，输出值与目标值间的绝对误差均小于 3.4%。故可以运用训练好的 BP 神经网络对调控养殖禽畜粪便进入水体磷总量的五种影响因素进行预测分析。

9.2.2.3 BP 神经网络

对训练好的三层 BP 神经网络，控制输入节点分别呈现 5 种不同的优化措施，5 种措施均以 2013 年的各项指标数据为基准。

图 9-5 表示的是进行 5 种不同调控措施后禽畜养殖排泄粪便流入地表水体中的磷元素总量的变化情况。

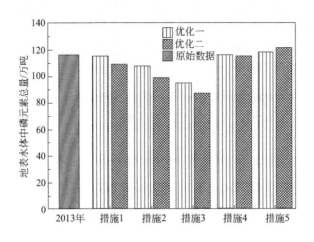

图 9-5　调控措施的优化情况

由图 9-5 可知，措施 1 是其他条件不变，增加污水处理率。2015 年 4 月 16 日国务院颁布经过多轮修改的《水污染防治行动计划》（简称水十条），要求到 2020 年城市污水处理率达到 95％左右，鉴于 2013 年城市污水处理率为 89.30％，于是假设第 1 种措施为污水处理率分别提高至 90％和 95％，其他条件不变，得到的预测结果即养殖禽畜粪便流入地表水体中的磷元素总量分别为 115.4 万吨和 109.15 万吨，相比 2013 年分别下降0.7％和 6％。

措施 2 是其他条件不变，增加农村粪便还田率。鉴于 2013 年这项比例为 80％，于是假设措施 2 是农村粪便还田率分别为 85％和 90％，其他条件不变，得到的预测结果分别为 108.08 万吨和 98.61 万吨，较 2013 年的值分别下降了 7％和 15％。

措施 3 是其他条件不变，增加肉羊的规模养殖比例。鉴于 2013 年的肉羊规模养殖比例为 24％，那么假设措施 3 的肉羊规模养殖比例分别上升至 30％和 35％，其他条件不变，得到的预测结果即养殖禽畜粪便进入水体中磷总量为 94.45 万吨和 87.45 万吨，相比 2013 年降低了 19％和 25％。

措施 4 是其他条件不变，控制蛋鸡的规模养殖比例。鉴于 2013 年蛋鸡规模养殖比例已经达到 94％，所以稍微增加这项比例到 95％和 98％，其他条件不变，得到的预测结果为 116.12 万吨和 115.46 万吨，相比 2013 年降低了 0.1％和 0.7％。

措施 5 是其他条件不变，控制肉猪的规模养殖比例。鉴于 2013 年此项比例的值为 66%，那么假设肉猪规模养殖比例分别提高至 70% 和 75%，得到的预测结果分别 118.65 万吨和 121.81 万吨，相比于 2013 年增长了 2% 和 4%。

从 5 种措施的预测结果中可以看出，提高城市污水处理率、农村粪便还田比例、肉羊规模养殖比例、蛋鸡规模养殖比例都会一定程度上减少禽畜养殖流入水体中的磷元素总量，而提高肉猪规模养殖比例却使磷流量增加。从降低禽畜养殖粪便排磷流入水体中总量的方式来看，提高肉羊规模养殖比例是最有效率的办法；其次是提高农村粪便的还田率；再次是提高城市的污水处理率；最后是提高蛋鸡的规模养殖比例。

9.3 环境控制对策

氮、磷、硫三种元素在社会经济系统内的代谢过程呈线性过程，这势必导致社会经济系统的物质代谢结构不稳定、物质生产效率低下、系统功能不完善。氮、磷、硫三种元素的代谢模式可高度概括为线性开放式的高强度物质代谢模式，该代谢模式必然造成严重的资源枯竭和巨大的环境负荷。

因此，要从根本上解决氮、磷、硫三种元素引起的巨大环境负荷，就必须对现有的元素代谢体系结构进行系统调控。转变当前高投入、低产出、高污染的线性开放式发展模式，全面提高物质生产效率。系统整合和配置氮、磷、硫三种元素的流通路径和流通强度，在行业内部以及行业之间构筑从资源、产品到废物、再生资源的闭合循环回路，从而达到资源利用最优化和废物排放最小化。

具体而言，可从宏观层面、中观层面和微观层面 3 个层面对辽宁省社会经济系统进行生态化转型。

① 宏观层面：运用产业结构调整、物质产品替代、构造分解者等方法，有目的地降低辽宁省社会经济系统三种元素的输入量与输出量，在减少社会经济系统内部物质流总体强度的基础上，建立生产者、消费者和分解者三者之间的元素闭合循环回路。

② 中观层面：运用空间布局优化、生产规模控制等方法，实现原材料、副产品、废物三者之间的相互交换和再生利用，提高资源回收率和废物利用率，减少整个社会经济系统的污染输出强度。

③ 微观层面：运用各种先进的技术方法，提高各行业生产效率，降低各行业污染排放效率，实现社会经济系统与生态环境和谐发展。

9.3.1 水环境负荷控制对策

通过辽宁省水体负荷分析，识别出辽宁省氮、磷、硫代谢结构中的关键节点分别为工业环节、农业环节和居民生活环节。三个环节对辽宁省水体负荷的贡献程度可基本确定为：农业环节（氮61.8%、磷80.2%）＞居民生活环节（氮33.1%、磷18.4%、硫83.2%）＞工业环节（氮5.1%、磷1.4%、硫16.8%），而农业环节产生的水体负荷绝大部分又来源于畜禽养殖业；无论氮元素还是磷元素，其畜禽养殖业的水体负荷都占农业环节水体总负荷的90%以上。因此，农业环节是辽宁省水体负荷控制的重点，而畜禽养殖业又是治理农业水体负荷的关键。畜禽养殖业的水体负荷主要是物质生产效率和废物循环利用率低下造成的，可从规范政策体系、调整产业结构、优化空间布局、革新饲养技术等方面着手提高畜禽养殖业的物质生产效率和废物循环利用率。

（1）政策体系方面

制定畜禽养殖场从日粮配方到排泄物资源化处置的技术标准，实施全过程环境管理，严格规范畜禽养殖场环境审计和环境影响评价；制定和颁布饲料营养价值评定指标体系，规范饲料产品标准，加强饲料检测监督管理体系。

（2）产业结构方面

严格控制畜禽养殖场规模和畜禽养殖数量，鼓励发展拥有配套耕地面积的中小型畜禽养殖场，逐步关闭、调整或搬迁大规模、高污染畜禽养殖场。

（3）空间布局方面

实施种养一体化发展战略，构建合理的种植-养殖农业示范区；畜禽养殖业产生的代谢废物的最佳处置途径是就近施入农田，因此，将畜禽养殖场和农田通过废物回用有机地联系起来，促进种养一体化发展，构建种植-养殖废物回用闭合回路，提高废物循环利用率。

（4）饲养技术方面

发展饲料酶制剂加工制造技术，建立有效的养分利用效率测评体系；通过添加饲料酶制剂促进畜禽养分的吸收效率，减少养分流失，提高物质生产效率，降低畜禽养殖业产生的水体负荷。

通过辽宁省水体负荷分析和污水处理系统分析，识别出辽宁省氮、磷、硫代谢过程中的关键流为生活污水流。相较于工业废水，辽宁省产生的生活污水有3大特点：a. 生活污水氮、磷、硫元素产生量较大；b. 生活污水整体处理率不高；c. 集中污水处理厂元素去除率极低。基于此，可从转变居民饮食结构、完善污水处理管网建设、转变污水处理形式等方面着手进行生活污水的调控。

① 应积极转变居民消费观念，主动调整居民日常饮食结构，在保证氮、磷、硫养分的需求基础上降低人体排泄物中氮、磷、硫元素的含量，从源头减少生活污水氮、磷、硫元素产生量。

② 要完善污水处理管网建设，特别是城市与乡村交接处的污水处理管网建设，提高排水管网的普及率和管道的收集率；同时要积极开发经济适用的小型生活污水处理系统，提高生活污水处理率。

③ 转变现有的末端集中式污染消减模式，建设以高效生物降解技术和现代源分离技术为核心的分散式城镇居民生活污水处理与循环利用工程示范区，提高生活污水元素去除率和回用率。

9.3.2　大气环境负荷控制对策

通过对辽宁省大气负荷分析，识别出辽宁省氮、硫代谢结构中对大气产生严重负荷的关键节点是工业环节。其中，氮代谢过程中，工业环节对辽宁省大气总负荷的贡献率为37.8%；硫代谢过程中，工业环节对辽宁省大气总负荷的贡献率为91.4%。因此，工业环节是辽宁省大气负荷控制的重点环节。工业环节造成严重大气负荷的主要根源是煤炭等化石能源的巨量消耗和能源的低效利用。基于此，可从优化能源消费结构、强化节能减排技术、完善价格税费机制等方面着手控制能源消费总量，提高能源利用效率。

① 优化能源消费结构。辽宁省工业环节的能源消费结构仍以煤炭等化石能源为主，化石能源的消耗势必对大气造成负荷作用。因此，要加强开发洁净新能源，使能源消费结构完成由煤炭、石油等化石能源向核能、风能、太阳能等洁净能源方向发展。

② 强化节能减排技术。加强节能技术研发；集约、高效、清洁地利用煤炭，减少煤炭的终端直接燃烧，推广应用水煤浆，努力发展洁净煤技术，提高煤炭利用率。促进减排技术发展；研究应用二氧化硫、氮氧

化物捕获、利用、封存技术，减少污染气体的排放，实现煤炭的清洁利用。

③ 完善价格税费机制。辽宁省电力热力生产供应业和黑色金属冶炼和压延加工业等高能行业的过快发展与不合理的能源价格、税费机制密不可分。因此，要改革能源价格机制，建立差别化、阶梯式的工业电价制度；深化能源税费制度，建立煤炭资源税、能源消耗税等税收制度；通过价格和税费，抑制高能行业对能源的过度消费。

另外，在氮代谢结构中，尽管机动车运输环节对辽宁省大气总负荷的贡献率为 13.7%，但是随着机动车数量的与日俱增以及相关机制的缺失，机动车运输环节对大气产生的负荷作用潜力巨大。机动车产生的氮氧化物是造成大气氮负荷的主要原因。2013 年，辽宁省机动车排放氮氧化物 26.5 万吨，占氮氧化物排放总量的 27.7%，占工业环节排放总量的 39.3%。因此，减少机动车氮氧化物的排放已迫在眉睫，其主要措施有：

① 建立联动机制，加强部门协调。交通、环保、质监、公安、统计等部门要加强合作、相互协调，建立机动车氮氧化物减排的协作协商机制，制定有效的机动车氮氧化物减排方案。

② 推动油品配套升级。燃料的品质与机动车燃烧效果有直接关系，应提升机动车燃油品质，发展新型清洁燃油，实现油、车同步升级。

③ 革新机动车氮氧化物减排技术。运用三元催化器、废气再循环、选择还原技术等新型高效技术，控制机动车氮氧化物排放，降低机动车产生的大气氮负荷。

9.3.3　土壤环境负荷控制对策

通过辽宁省土壤负荷分析，识别出辽宁省氮、硫代谢结构中对土壤产生严重负荷的关键节点是工业环节。其中，在氮代谢过程中，工业环节对辽宁省土壤总负荷的贡献率为 68.9%；在硫代谢过程中，工业环节对辽宁省土壤总负荷的贡献率为 90%。造成这一局面的主要原因是工业环节产生大量的工业固体废物，而辽宁省工业固体废物的综合利用效率（43.8%）偏低，导致过多的工业固体废物未被利用而进入非耕地土壤中。基于此，可从推广清洁生产、加强废物交换、完善法律保障和政策体系等方面着手，提高工业固体废物的综合利用效率，控制工业固体废物的产生总量。

① 推广清洁生产。更新企业生产设备，引导企业发展清洁生产技术，控制企业生产规模，提高资源利用效率，降低能源消耗量，从源头减少工

业固体废物的产生量。

② 加强废物交换。建立合理的工业生态园，大力发展生态设计和生态制造，加强工业固体废物生产者与其需求者的交换，构建生产者-需求者闭合回路，提高工业固体废物的综合利用效率，减少其对非耕地土壤的负荷。

③ 完善法律保障和政策体系。建立与辽宁省相适应的工业固体废物管理法规，加强对工业固体废物运输、处理、利用的监督，制定各类工业固体废物的排放总量限度。

另外，磷代谢结构中，对土壤造成严重负荷的关键节点是农业环节，占磷元素土壤总负荷的 85.3%。同时，氮代谢结构中，农业环节对土壤环境的污染也不可小觑。因此，农业环节也是辽宁省土壤负荷控制的重点。农业环节造成严重土壤负荷的主要根源是农业生产过程中化肥的过度使用从而使大量的氮、磷元素残留在耕地土壤中。基于此，可从发展现代种植业施肥技术、增加有机肥施肥量、规范政策体系等方面着手，提高化肥利用效率，降低化肥施用量。

① 发展现代种植业施肥技术。在推荐科学施肥配方和检测土壤养分的基础上，积极发展测土精准化施肥、平衡施肥等现代施肥技术，提高化肥利用效率。

② 增加有机肥施肥量。完善畜禽粪便、农作物秸秆闭合循环回路，提高畜禽粪便、农作物秸秆还田率，提高有机肥投入比例，降低化肥的投入强度。

③ 规范政策体系。颁布农业环境管理法律法规，制定土壤养分含量标准，有计划征收化肥生产税和消费税，严格控制化肥施用量。

参考文献

[1] Box G. E. P, Jenkins G. M, Reinsel G. C, et al. Times series analysis: Forecasting and control [M]. San Francisco: John Wiley & Sons, 1976.

[2] Hassoun M. H. Fundamentals of artificial neural network [M]. Cambridge: The MIT Press, 1995.

[3] Johnson R. A, Wichem D. W. 实用多元统计分析 [M]. 北京: 清华大学出版社, 2008.

[4] 傅立. 灰色系统理论及其应用 [M]. 北京: 科学技术文献出版社, 1992.

[5] 高惠璇. 应用多元统计分析 [M]. 北京: 北京大学出版社, 2005.

[6] 张孟辉. 基于 SFA 对典型区域环境负荷的源解析 [D]. 沈阳: 东北大学, 2017.

[7] 魏佑轩. 基于物质流对中国磷元素代谢的时空特征分析 [D]. 沈阳: 东北大学, 2017.

第10章

降低物质代谢水环境风险的预警模拟及措施建议

　　相对于事故发生后所采取的末端管理而言，针对尚未发生的隐患事件的风险管理，可以为水环境安全提供更有效的信息，也更有利于可持续发展。因此，基于环境风险评价理论建立区域环境安全预警系统具有重要的现实意义。

　　环境风险预警系统是指对一定时期的环境状况进行分析、评价与预测，确定环境质量变化的趋势、速度以及达到某一变化限度的时间等，按需要适时地给出变化和恶化的各种警戒信息及相应对策。预警是环境管理中常用的、有效减轻环境危害的重要手段，是向环境风险管理者公众及当事者提供警戒、警报及应急信息的重要工具。

　　本章以深圳国际低碳城为例，进行水环境风险预警模拟，并提出风险防控措施。由水环境风险评价结果可知，园区水环境面临的最大风险为营养物质的风险。因此，本章以龙岗河为研究对象，着重模拟预测营养物质的水环境风险和防控措施。

10.1　河流污染物扩散模型

10.1.1　污染物的运动特征

　　污染物进入流域水环境后，在水流作用下污染物在流域中得到了稀释和扩散，从而降低了污染物在流域水环境中的浓度。为了研究流域的污染物扩散模型，首先要研究污染物在流域中的运动特征，便于污染物扩散模型的建立和率定。流域水环境对污染物的作用主要有迁移、分散和降解等。

　　（1）污染物的迁移运动

　　迁移指的是污染物在水流作用下在 x、y、z 三个方向上的运动。迁移只是改变了污染物的位置，并没有降低污染物的质量和浓度。数学上用迁移通量 f，即单位时间通过单位面积污染物的量，这个抽象的概念来表示污染物的这种运动，由式(10-1) 求得：

$$f_x = u_x C \tag{10-1}$$

$$f_y = u_y C$$

$$f_z = u_z C$$

式中　f_x，f_y，f_z——在 x、y、z 方向上污染物的迁移通量；

C——污染物在流域中的质量浓度；

u_x、u_y、u_z——水流在 x、y、z 三个方向上速度分量。

（2）污染物的分散运动

污染物在流域水环境中的分散作用有分子扩散、湍流扩散和弥散三种形式。分子扩散是由污染物分子热运动导致的质点分散的现象，其过程服从 1855 年菲克（Fick）提出的第一定律，即分子扩散通量与污染物的浓度梯度成正比。由式(10-2) 求得：

$$I_{m,x} = -D_m \frac{\partial C}{\partial x}$$

$$I_{m,y} = -D_m \frac{\partial C}{\partial y} \tag{10-2}$$

$$I_{m,z} = -D_m \frac{\partial C}{\partial z}$$

式中　$I_{m,x}$、$I_{m,y}$、$I_{m,z}$——污染物在三个方向上的分子扩散通量；

D_m——分子扩散系数，m^2/g，3 个方向上大小相等。

分子扩散是由污染物浓度高的一侧扩散到浓度低的一侧，所以为负梯度方向。根据定律可知，分子扩散发生在静水条件下，而在运动的河流中分子扩散不是主要的扩散方式。D_m 在河流中大概为 $10^{-5} \sim 10^{-4}$ m^2/s。

湍流扩散是指污染物在流域水环境的湍流场中质点的速度、压力等状态相对于它的平均值的湍流脉动而导致污染物由高浓度向低浓度运动的现象。湍流扩散同样可以用菲克第一定律来描述，由式(10-3) 求得：

$$I_{t,x} = -E_x \frac{\partial C}{\partial x}$$

$$I_{t,y} = -E_y \frac{\partial C}{\partial y} \tag{10-3}$$

$$I_{t,z} = -E_z \frac{\partial C}{\partial z}$$

式中　$I_{t,x}$、$I_{t,y}$、$I_{t,z}$——污染物在 x、y、z 方向上的湍流扩散通量；

E_x、E_y、E_z——三个方向的湍流扩散系数，m^2/s。

湍流扩散是各向异性的，这一点与分子扩散不同。在实际的应用中，一般都要引入湍流扩散系数，其在河流中大概为 $0.01 \sim 1 m^2/s$。

弥散是指由空间上各点的湍流速度的平均值与实际水流的平均值存在着差别而产生的分散现象。水流的边界对水流有着黏滞作用，产生速度梯度和剪切力，一般把这种具有速度梯度的流动称为剪切流。剪切流的分布不均引起的弥散现象，是在取湍流时平均值才体现出来的。同样，菲克第一定律也可以来描述弥散作用引起的污染物质量通量的变化，由式(10-4)求得

$$I_{D,x} = -D_x \frac{\partial C}{\partial x}$$

$$I_{D,y} = -D_y \frac{\partial C}{\partial y} \qquad (10\text{-}4)$$

$$I_{D,z} = -D_z \frac{\partial C}{\partial z}$$

式中　$I_{D,x}$、$I_{D,y}$、$I_{D,z}$——污染物在 x、y、z 方向上的弥散作用引起的质量通量；

　　　　D_x、D_y、D_z——x、y、z 三个方向的弥散系数，m^2/s。

弥散系数较湍流扩散系数有更大的各向异性，其数量级一般较大，其在河流中为 $10 \sim 10^4 m^2/s$。

（3）污染物的降解转化

污染物排放到流域水环境后，在物理、化学、生物等因素作用下组成和结构会发生一定的变化，大部分分解为环境中的小分子，例如 CO_2、H_2O 等，该过程被称为降解，也称为衰减。污染物的降解速度取决于污染物本身，快则几秒、几小时，慢则几年、几万年。污染物的降解可分为两大类：一类是由放射性污染物自身发生的衰变引起的降解；另一类是污染物在微生物的作用下发生降解。

污染物的降解基本符合一级动力学方程，由式(10-5)求得：

$$\frac{dC}{dt} = -KC \qquad (10\text{-}5)$$

式中　C——污染物在流域中的质量浓度；

　　　　t——降解过程的时间；

　　　　K——降解系数。

10.1.2　基本模型的推导求解

基本模型反映了污染物在流域水环境中运动的基本规律，即上一节

提到的迁移、分散和降解。为了方便建立模型，假设污染物进入流域水环境中能够均匀地分散开，与水体相互融合，不发生凝聚和沉淀等现象。有了这个假设，就可以将污染物看成许多流体中的质点来考虑。实际中的模型可以通过对基本模型进行修正而得到。

当污染物浓度梯度仅在某个方向（如 x 方向）数值变化较大，就可以忽略其他方向而采用一维模型，例如一些比较长且狭窄的河流。一维基本模型是根据流域中一个具有浓度梯度的微元质量守恒推导的，如图 10-1 所示。根据上一节的内容可知，在一维河流中的三种分散作用，弥散最为显著，比其他两种分散高很多，故考虑河流的分散作用时往往只考虑弥散作用。

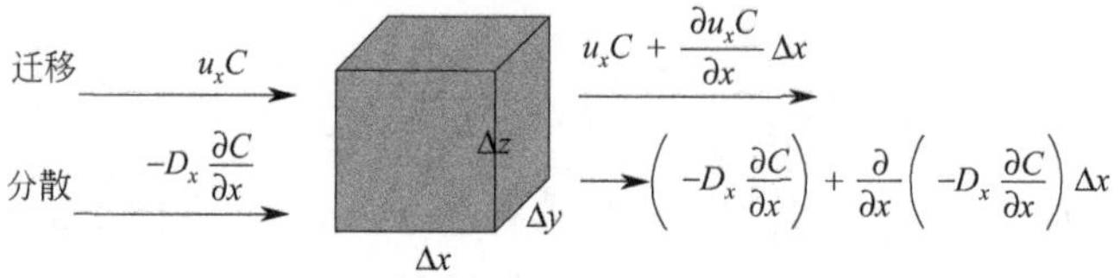

图 10-1　体积元中的质量平衡

总迁移量：

$$\left[u_x C + \left(-D_x \frac{\partial C}{\partial x} \right) \right] \Delta y \Delta z \tag{10-6}$$

总分散量：

$$\left[u_x C + \frac{\partial u_x C}{\partial x} \Delta x + \left(-D_x \frac{\partial C}{\partial x} \right) + \frac{\partial}{\partial x} \left(-D_x \frac{\partial C}{\partial x} \right) \Delta x \right] \Delta y \Delta z \, \frac{\partial C}{\partial t} \Delta x \Delta y \Delta z$$

$$= \left[u_x C + \left(-D_x \frac{\partial C}{\partial x} \right) \right] \Delta y \Delta z - \left[u_x C + \frac{\partial u_x C}{\partial x} \Delta x + \left(-D_x \frac{\partial C}{\partial x} \right) \right.$$

$$\left. + \frac{\partial}{\partial x} \left(-D_x \frac{\partial C}{\partial x} \right) \Delta x \right] \Delta y \Delta z - KC \Delta x \Delta y \Delta z \tag{10-7}$$

当 $\Delta x \rightarrow 0$

$$\frac{\partial C}{\partial t} = -\frac{\partial u_x C}{\partial x} - \frac{\partial}{\partial x} \left(-D_x \frac{\partial C}{\partial x} \right) - KC \tag{10-8}$$

流速和弥散系数都可视为常数：

$$\frac{\partial C}{\partial t} = D_x \frac{\partial^2 C}{\partial x^2} - u_x \frac{\partial C}{\partial x} - KC \tag{10-9}$$

点源污染物稳定排放时，$\dfrac{\partial C}{\partial t}=0$ 补充初始条件 $x=0$，$C=C_0$

$$C(x)=C_0\exp\left[\frac{u_x x}{2D_x}\left(1-\sqrt{1+\frac{4KD_x}{u_x^2}}\right)\right] \qquad (10\text{-}10)$$

点源污染物瞬时排放时 $x=0$ 处污染源质量为 M，$C_0=\dfrac{M}{Au_x}$，其中 A 代表河流断面面积。

初始条件：$t=0$，$C=C_0\delta(x)$，其中 $\delta(x)=\begin{cases}1, & x=0\\ 0, & x\neq 0\end{cases}$

边界条件 $\Delta x\rightarrow+\infty$，$C\rightarrow 0$，应用拉普拉斯变换。

$$C(x,t)=\frac{M}{2A\sqrt{\pi D_x t}}\exp\left[-\frac{(x-u_x t)^2}{4D_x t}\right]\exp(-Kt) \qquad (10\text{-}11)$$

当污染物浓度梯度在两个方向（如 x、y 方向）数值变化较大，则需要采用二维模型，这里主要研究一维方向上的污染物扩散规律，就不做详细描述了。

10.2 水环境风险预警模型建立方法

10.2.1 水质模型建立方法描述

（1）模型的概化及性质研究

这一步需要对模型进行近似假设，简化模型，并列出模型的物理量，对结果影响不大的变量可以考虑去掉。龙岗河污染物扩散模型只是对龙岗河水质的一个近似表达，并不完全真实，因此要求建立的模型尽可能简单。同时分析模型的特性，使建立的模型在高稳定性的前提下进一步减小误差。

（2）参数估计

一个模型中通常含有很多被称为参数的数学常数，必须通过一定的方法来确定这些参数，通常包括试验法、经验公式和曲线拟合等，但公式都有一定的适用条件。因此，需要一定的数据支持，需要做数据采集的准备工作。

（3）模型率定

确定参数之后，便可以建立一个具有预测能力的模型。为检测模型是否满足实际的要求，需要对模型进行率定，即检测模型预测的数据与实际采集到的数据是否一致。如果一致，则可认为建立的模型具有实际预测能力，可以应用到实际情况中；如果不一致，则需要对模型重新进行分析。

（4）模型应用

在对模型进行验证之后，模型在误差允许的范围内结果正确，便可以将已建立的模型用于解决实际的问题。本研究的龙岗河污染物扩散模型便可以用来监测水质的情况，预防水环境风险。

10.2.2　模型假设

这里研究的是点源污染物的扩散情况，为了方便建立模型，需要对模型做以下假设：

① 因为龙岗河的深度、宽度均较小，且本污染物扩散模型，主要研究在水流方向上的污染物变化规律。因此本模型假设污染物在水深及宽度方向混合均匀，建立水平一维水质模型。

② 因污染源相对于整个龙岗河来说，面积可以忽略不计，故本水质模型假设污染源为一个质点，即建立点源污染扩散模型。

③ 假设污染物进入流域水环境中能够均匀地分散开，与水体相互融合，不发生凝聚和沉淀等现象。将污染物看成流域中的质点，同时与流域水环境介质质点具有相同的流体力学特性。

④ 不考虑边界的吸附作用，假设污染物扩散到边界发生完全反射，即流域的边界反射不损失污染物的质量。

10.2.3　模型参数估计

10.2.3.1　龙岗河基本参数情况

建模需要的物理量有龙岗河的平均宽度 B，平均深度 H，平均流速 u，弥散系数 D_ξ，降解系数 K，瞬时一次性排污的量 M，连续排放时持续排污的量 m，龙岗河的基本参数如表 10-1 所列。

表 10-1　龙岗河基本参数

指标	丰水期	枯水期
平均河宽 B/m	31.5	20
平均河深 H/m	1.8	0.9
平均流速 u/(m/s)	1.5	0.5
平均纵向坡降 i/%	0.27	0.27

得到基本参数后，需要确定模型所需的其他几个重要的参数，下面就分别介绍降解系数 K、弥散系数 D_ξ 的求解过程。

10.2.3.2 降解系数 K 的确定

降解系数 K 的求法主要有实测法、经验公式法等。这里采用实测法和经验公式法相结合的办法。具体过程是，第一步去现场采集水样，将水样带回到实验室进行检测，测量过程中保持室温 20℃，检测的 $NH_3\text{-}N$、TN、TP、COD 四项指标结果，如表 10-2 所列。

表 10-2　实验条件下污染物的降解系数

污染物指标	$K_{NH_3\text{-}N(20)}/d^{-1}$	$K_{TN(20)}/d^{-1}$	$K_{TP(20)}/d^{-1}$	$K_{COD(20)}/d^{-1}$
数值	0.050	0.020	0.019	0.076

由于污染降解系数与水温、河深、流速、坡度等多种因素有关，因此需要校正实验室测量的降解系数。校正采取的经验公式法，具体公式（10-12）如下所示：

$$K = \left[K_{(20)} + \alpha \frac{u}{h} \right] \times 1.047^{T-20} \qquad (10\text{-}12)$$

式中　K——校准后的降解系数；

　　$K_{(20)}$——实验室室温 20℃ 条件下测得的降解系数；

　　　α——河床活度系数；

　　　u——河流平均系数；

　　　h——河流平均深度；

　　　T——水的温度。

河床活度系数 α 与河流的纵向坡降 i 存在一个对应表，如表 10-3 所列。

表 10-3　坡降对应的河床活度系数

纵向坡降 i/%	0.147	0.95	1.89	4.73	9.47
河床活度系数 α	0.10	0.19	0.25	0.40	0.60

由龙岗河的坡降 i 为 0.27%，采用多项式拟合可以得出坡降 i 与活度系数 α 之间的关系，进一步得出龙岗河的河床活度系数 $\alpha = 0.125$。将活度系数代入式（10-12），可以得到龙岗河 4 项监测指标在不同时期的降解系数如表 10-4 所列。

表 10-4　降解系数

指标降解系数/d^{-1}	丰水期	枯水期
K_{NH_3-N}	0.195	0.151
K_{TN}	0.0.183	0.0.144
K_{TP}	0.181	0.148
K_{COD}	0.0.210	0.155

10.2.3.3　弥散系数 D_ξ 的确定

弥散系数反映了污染物在河流水环境中的运动规律，对模型来说非常重要，通常可以通过试验法和经验公式法测量，这里采用经验公式法对流域的弥散系数进行确定。

纵向弥散系数 D_ξ 采用 Fischer 经验公式进行求解，如式（10-13）所示：

$$D_\xi = \frac{0.011u^2 B^2}{h \sqrt{ghi}} \tag{10-13}$$

式中　g——重力加速度；

其余符号意义同前。

丰水期、枯水期弥散系数如表 10-5 所列。

表 10-5　弥散系数

指标	D_ξ	
	丰水期	枯水期
数值	45.9398	7.0243

10.2.3.4　模型验证

为了验证降解系数、弥散系数的准确性，通过实验与模型计算结果对比，投放 $500gNH_3-N$ 时，分别在 500m、1000m 出测量各时间点的浓度变化值，将龙岗河中原有污染物浓度当作背景浓度，得到如图 10-2 所示结果。

由实验结果可以看出，该模型在误差允许的范围内，大部分数据与实际情况一致，可以用来预测水质情况。

10.2.4　GIS 与数学模型结合

各种水环境模型的建立，为水环境的定性与定量分析、预测及模拟提供了有力的工具。然而，在结果的表达上以数值的形式为主，还不能

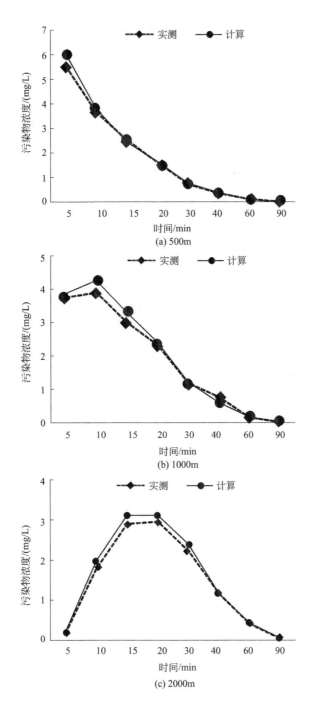

图 10-2　实验结果与预测结果对比

对环境数据的空间特性进行直观可视化的表达。GIS 以其对海量空间数据强大的存储、管理分析、处理和显示功能，为水环境模拟的空间可视化表达以及环境保护工作的信息化、现代化提供了技术支持，因此利用 GIS 技术对水环境进行管理和模拟是目前该领域一个重要趋势。GIS 技术可把复杂多变的自然、社会变化以及变化过程以图形、图像的方式进行数字化处理。在其空间和属性库中输入河道基本数据、水文及污染源数据，利用其空间数据库采集、管理、操作和分析能力，可以使水质监测与评价产生全新的面貌。将 GIS 与水质数学模型相结合，对水污染事故进行模拟分析，不仅可反映污染事件造成的水污染状况及其随时间的变化过程，而且可表达事发地及其污染水体的地理位置及其空间变化情况，尤其是污染对象与污染事故发展的时空关系。通过对水质模型的计算，可得出反映水域水流、水质变化特性的断面位置，并以逼真的图像显示水域水流水质变化的空间特征、统计特性和未来趋势等。

利用 GIS 工具结合遥感地图提取出研究区域的具体情况，包括区域发展情况、河流水资源信息等，并利用 GIS 筛选出研究区域的具体监测点位，进行水质监测工作。最后采用水环境模型与 GIS 结合的方式，通过水环境模型进行数据运算和 GIS 的空间可视化工具，生成风险分级图及污染物扩散图应用于研究区域的水环境风险评价预警，如图 10-3 所示。

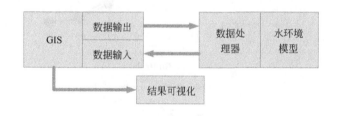

图 10-3 GIS 与数学模型的结合方式

10.3 模型预测及结果分析

10.3.1 瞬时源

选取上一节经过实验验证得到的 NH_3-N 水质参数，以龙岗河进入低碳城处沿河岸瞬时排放 500g 污染物，即 $M=500g$，代入式（10-7）中，通过在 MATLAB 中模拟，如图 10-4 所示，可以预测下游的水质情况。

```
>> D=0.011.*(u.^2).*(b.^2)/(h.*sqrt(9.8.*0.005.*h))
K=(k+0.126.*u/h).*(1.047.^5)
Z1=M.*1000.*exp(-(x-u.*t).^2/(4.*D.*t)).*exp(-K.*t/86400)/(2.*b.*h.*sqrt(3.14.*D.*t))
Z2= c/( b.*h.*u) .* exp(-u.*x.*(sqrt(1+4.* K.*D/u.^2)-1)/(2.*D))
```

图 10-4 MATLAB 程序模拟

　　将龙岗河原有的污染物浓度当作背景浓度，且不随时间发生变化，得到丰水期和枯水期污染物扩散结果如图 10-5 所示。当龙岗河受到 500gNH$_3$-N 污染，丰水期时污染物流入龙岗河中迅速扩散，质量浓度迅速降低，并且在水流的作用下，沿着流速方向迁移，随着时间的增长，质量浓度降低，扩散范围越来越大，污染带很快覆盖到了整个龙岗河流域。与丰水期相比，枯水期时污染物流入龙岗河后，扩散得很缓慢，并在水流的作用下扩散的范围逐渐变大。

　　从污染程度上看，丰水期时，当污染物浓度峰值到达 3500m 位置左右时，NH$_3$-N 浓度此时仅为 2.0mg/L，处于水环境风险中的中度风险状态，对水环境的破坏相对较小。说明此次污染对龙岗河下游区域带来的污染风险较小，枯水期时污染物浓度峰值下降极为缓慢，2h 左右才到达 3500m 位置左右，主要污染带仍处于园区内，且 NH$_3$-N 浓度一直处于高

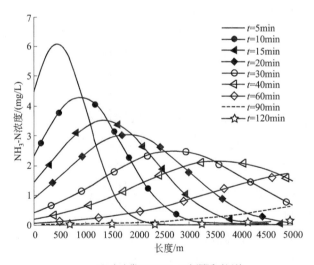

(a) 丰水期500gNH$_3$-N点源瞬时污染

图 10-5

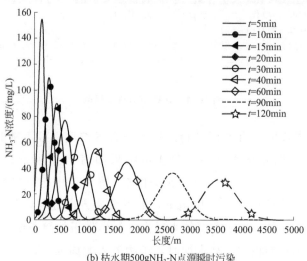

(b) 枯水期500gNH₃-N点源瞬时污染

图 10-5 NH₃-N 浓度预测

度风险状态，对园区的水环境有较大的危害。且由于污染物迁移缓慢，造成的危害会进一步加深。因此对比而言，若此次污染发生在丰水期，应该根据污染发生时间选取截污位置，进行污染防控，并主要针对上游和中游水域进行污染治理。若此次污染发生在枯水期，则需要尽可能快地采取应急措施，并向水中投放针对性药物，降低污染物浓度，防止污染危害加深，应急措施过后需要针对全部的污染带进行污染治理。

10.3.1.1 丰水期污染物预测结果分析

通过 GIS 的空间分析能力结合污染物扩散模型，对龙岗河中污染物的浓度变化进行动态展示，获得如图 10-6 所示的污染物随时间的扩散变化图（书后另见彩图）。

从图 10-6 中可以看出，丰水期时，当污染物流入龙岗河中，在前 20min 迅速扩散，质量浓度迅速降低，10min 时龙岗河上游段已被完全污染，且 NH₃-N 浓度峰值在 4.2~6.4mg/L 之间，污染状况较为严重。在扩散、迁移、降解三种运动状况下污染物扩散的范围逐渐变大，在 15min 的时候，龙岗河的 50% 水域已经受到了 NH₃-N 的污染。在 20min 时，污染已经覆盖了龙岗河在园区内的 2/3，此时污染带的平均 NH₃-N 浓度仍处于 2.0mg/L 以上，龙岗河整个上半段均处于高度风险状况。污染物在

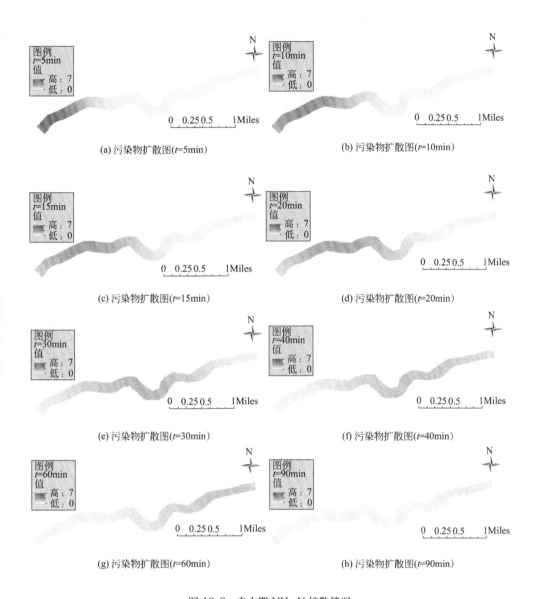

图 10-6　丰水期 NH₃-N 扩散情况

流入水体 30min 后与前 20min 比较，质量浓度的峰值趋于稳定，扩散速度较为缓慢，40min 时扩散范围已经覆盖了园区内龙岗河大部分水域。随着污染物在水体中迁移、降解、扩散，污染物的在水体中的浓度逐渐降低，60min 左右时污染物浓度峰值到达龙岗河下游区域，但是 NH₃-N 浓度仅为 1.7mg/L，平均 NH₃-N 浓度在 1.0mg/以下，污染风险程度较低。说明此次点源污染的作用对下游造成的污染并不严重。随着水流的作用，污染物继续向下游迁移，90min 时，污染物几乎完全流出园区，流出园区的污染物浓度峰值为 1.3mg/L，因此对园区外部的水环境状况不会带来严重破坏。

10.3.1.2 枯水期污染物预测结果分析

枯水期时，当 $500gNH_3-N$ 流入龙岗河后，扩散情况如图 10-7 所示（书后另见彩图）。

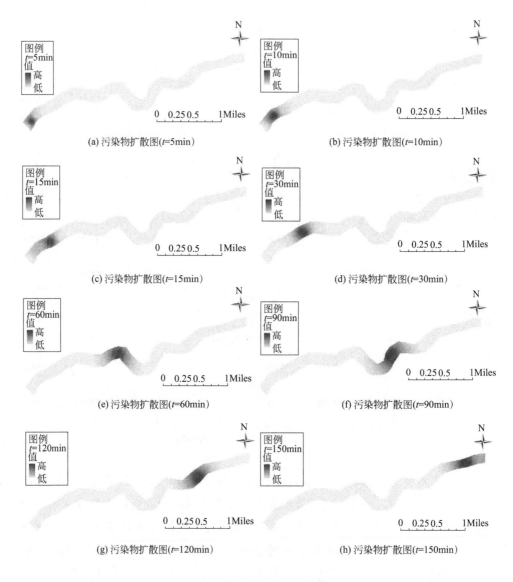

(a) 污染物扩散图(t=5min)

(b) 污染物扩散图(t=10min)

(c) 污染物扩散图(t=15min)

(d) 污染物扩散图(t=30min)

(e) 污染物扩散图(t=60min)

(f) 污染物扩散图(t=90min)

(g) 污染物扩散图(t=120min)

(h) 污染物扩散图(t=150min)

图 10-7　枯水期 NH_3-N 扩散情况

枯水期时，当 500gNH$_3$-N 流入龙岗河后，向下游迁移十分缓慢。30min 时污染物仍然处于龙岗河的上游区域，150min 后污染物才逐渐流出园区，污染物在龙岗河运动的整个过程中，污染范围都在逐渐加大，但是相对于丰水期而言，扩散速度极为缓慢，主要原因是由于枯水期水量小，河面宽度较窄，污染物的弥散系数小。因此，空间上各点的湍流速度的平均值与实际水流的平均值的差别小，从而导致污染物扩散速度较慢；危害方面，枯水期迁移扩散明显变小，以降解作用为主，整个过程中污染物的浓度一直处于高风险状态，对局部水环境的破坏非常严重。

10.3.2　稳定源

根据污染物扩散模型对稳定排放的情况进行分析，稳定源浓度分布与瞬时源分布最大的不同在于稳定源的浓度分布不会随着时间的变化而发生改变，而是形成一个稳定的浓度场。因此主要预测沿河岸速度为 1L/s 排放 10mg/L、20mg/L、50mg/L、100mg/L、200mg/L、300mg/L、400mg/L、500mg/L 的污水，预测结果如图 10-8 所示。

由图 10-8，可以看出，当龙岗河受到稳定源污染时，污染物浓度形成一个稳定的浓度场。在这个浓度场中，排放点附近浓度始终保持最大，在流函数方向上，在水流迁移和扩散的作用下，污染物扩散到其他点并形成一定的浓度。因其输入浓度稳定，远处的浓度远小于排放点附近浓度。

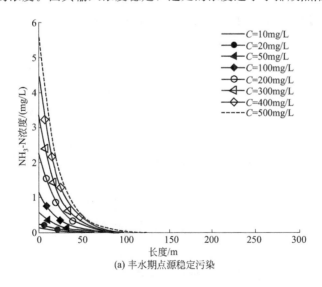

(a) 丰水期点源稳定污染

图 10-8

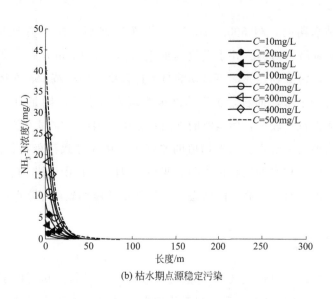

(b) 枯水期点源稳定污染

图 10-8　NH₃-N 浓度预测

　　丰水期和枯水期点源稳定排放时，污染物变化规律相似。从图 10-9（书后另见彩图）可知，丰水期时随着排放浓度的逐渐提升，排放口的污染风险程度逐渐增加，污染带沿流速方向的距离逐渐加长，但是在常规的稳定排污状态下，即 $C<500$mg/L 时，污染物浓度稳定后影响较大的范围主要是距离排污口 X 下游 120m（枯水期 60m）以内，下游距离 120m（枯水期 60m）以外的区域污染物浓度相对较低。这表明稳定的排放源，将长时间污染排放口下游 120m（枯水期 60m）距离以内的河流水环境，对于更远距离的河流水环境会造成一定的影响，但影响远小于排放口处的风险。因此若出现某排污口长期超标排放的情况，需要针对排放口下游 120m（枯水期 60m）以内的水域进行重点整治，采取措施恢复其生态功能，防止污染继续恶化。TN、TP、COD 的浓度变化情况与 NH₃-N 的情况几乎一致，所不同的是降解系数不同，浓度分布略有差异，这里就不详细给出预测结果了。

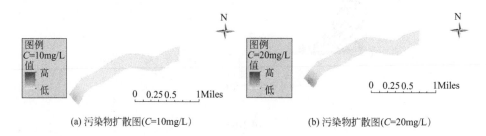

(a) 污染物扩散图(C=10mg/L)　　　　　　　　　　(b) 污染物扩散图(C=20mg/L)

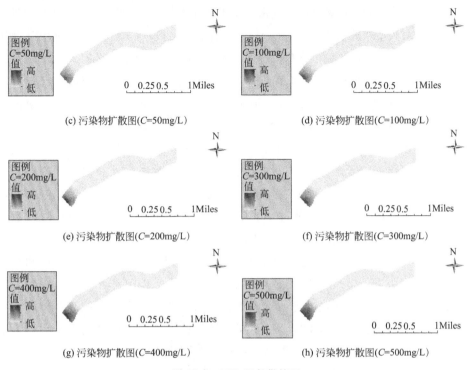

(c) 污染物扩散图(C=50mg/L)　　　　(d) 污染物扩散图(C=100mg/L)

(e) 污染物扩散图(C=200mg/L)　　　　(f) 污染物扩散图(C=300mg/L)

(g) 污染物扩散图(C=400mg/L)　　　　(h) 污染物扩散图(C=500mg/L)

图 10-9　NH₃-N 扩散情况

10.4 风险预警建议和措施

　　针对深圳国际低碳城的水环境现状、风险评价结果及污染物扩散预测，提出以下风险预警建议：

　　① 丁山河污水处理站处理效果不理想，污水处理站的 COD、NH₃-N、TP、TN 去污率分别为 62%、80%、41%、48%。其中，TP、TN 的去除率较低，需要改善污水处理工艺。污水处理站的日均处理量为 $4 \times 10^4 \, \text{m}^3/\text{L}$，远小于河流径流量，导致治理效果不明显，需要加大污水处理效率。集中生活服务区的生活面源污染和污水排放使该区域河段的大肠菌群含量、TN 浓度指数分别上升到 5.15×10^5 个/L、11.13mg/L，需要尽快加设丁山河绿色防护带，防止生活垃圾直接进入河流，并提高生活污水排放标准，防止水环境恶化。

　　② 龙岗河在低碳城内的污染风险防控措施较为完善，在流经园区的过程中受到的污染程度很低，但是由于龙岗河在低碳城入口处的 TN、悬浮物、大肠菌群含量分别为 11.71mg/L、29mg/L、8.65×10^4 个/L，水质

污染严重。导致在园区内水环境处于高风险状态，因此需要在入境口处建立入境水体整治工程，并在入口处建设截污设施，降低入口处的污染物浓度，并对园区内的水环境进行生态修复，从而降低园区水环境风险。

③ 枕梓河治理工程仍然处于施工阶段，枕梓河的风险状况没有有效的预警措施，导致枕梓河中下游部分处于高风险状态。水环境破坏严重。需要及时采取应急措施，对两岸的场地进行平整、支护、地表恢复，防止雨水地表径流夹带水泥、油类、化学品等各种污染物流入水体，加重水体污染；加强河道两岸的监察工作，在河道两岸设置护栏，防治生活污水随意倾倒。待截污管网建成后，需要严格控制生活、工业污水对枕梓河水体的影响。并且及时对枕梓河中下游段进行水环境恢复，防止由于施工阶段带来的影响，导致水环境继续恶化。

④ 污染物在龙岗河中运动的预测结果表明，丰水期以迁移和扩散作用为主，而枯水期迁移扩散明显变小，以降解作用为主。因此，针对不同阶段环境治理的重点不同。对于不同阶段污染控制和排放标准的制定也要有所不同，枯水期等量污染物带来的环境危害远大于丰水期。因此，需要适当提高枯水期污染物排放要求。

⑤ 持久性污染源会长时间使下游部分河段的污染物浓度远高于河流的平均值，低碳城由于污水排放高度集中，排放口处的水环境压力相对较大，水环境管理部门需要定期对污水集中排污口下游 120m（丰水期）/60m（枯水期）内进行水环境状况调查，防止持久性污染导致水环境恶化。

参考文献

[1] 何龙庆，林继成，石冰 . 菲克定律与扩散的热力学理论 [J] . 安庆师范学院学报（自然科学版），2006（04）：38-39.

[2] 刘蕾 . 基于 GIS 和数据库技术的水环境信息管理系统设计与开发 [D] . 长沙：中南大学，2013.

[3] 闾国年，袁林旺，俞肇元 . GIS 技术发展与社会化的困境与挑战 [J] . 地球信息科学学报，2013，15（04）：483-490.

[4] 孙永旺，朱建军，王蕾，等 . 基于 GIS 的水环境管理信息系统的研究 [J] . 测绘科学，2007，32（5）：165-167.

[5] 于达，刘萍，史峻平 . 松花江水污染模型研究 [J] . 数学的实践与认识，2009，39（11）：104-108.

[6] 祖波，周领，李国权，等 . 三峡库区重庆段某排污口下游污染物降解研究 [J] . 长江流域资源与环境，2017，26（01）：134-141.

[7] 叶周 . 基于 GIS 的区域水环境风险评价及预警研究 [D] . 沈阳：东北大学，2018.

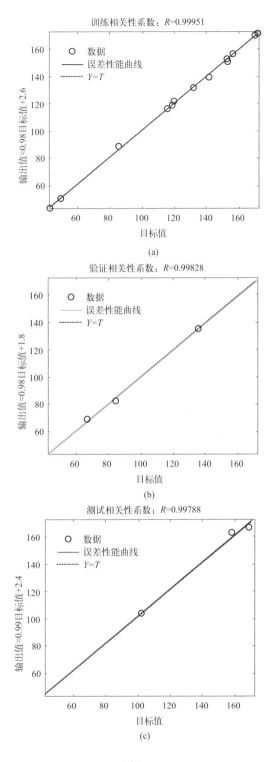

图 9-4

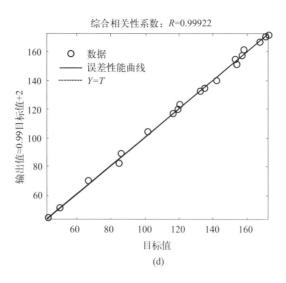

综合相关性系数：$R=0.99922$

(d)

图 9-4　构建的 BP 神经网络训练情况

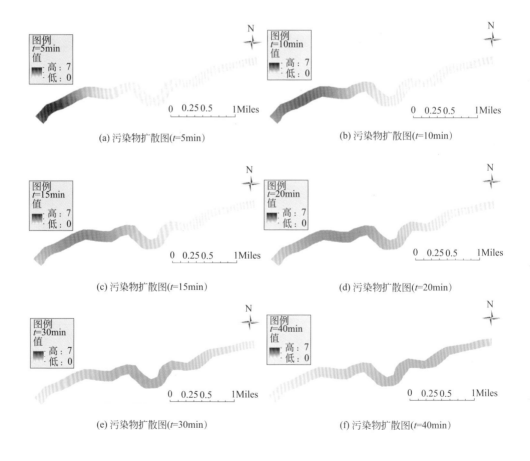

(a) 污染物扩散图(t=5min)

(b) 污染物扩散图(t=10min)

(c) 污染物扩散图(t=15min)

(d) 污染物扩散图(t=20min)

(e) 污染物扩散图(t=30min)

(f) 污染物扩散图(t=40min)

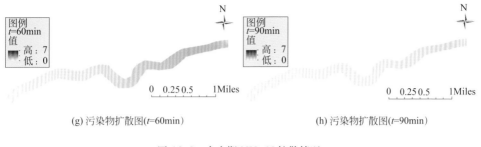

(g) 污染物扩散图(t=60min)　　　　　　　　(h) 污染物扩散图(t=90min)

图 10-6　丰水期 NH$_3$-N 扩散情况

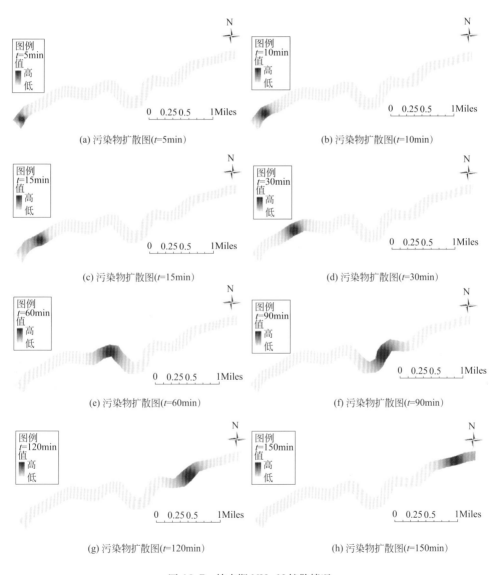

(a) 污染物扩散图(t=5min)　　　　　　　　(b) 污染物扩散图(t=10min)

(c) 污染物扩散图(t=15min)　　　　　　　　(d) 污染物扩散图(t=30min)

(e) 污染物扩散图(t=60min)　　　　　　　　(f) 污染物扩散图(t=90min)

(g) 污染物扩散图(t=120min)　　　　　　　　(h) 污染物扩散图(t=150min)

图 10-7　枯水期 NH$_3$-N 扩散情况

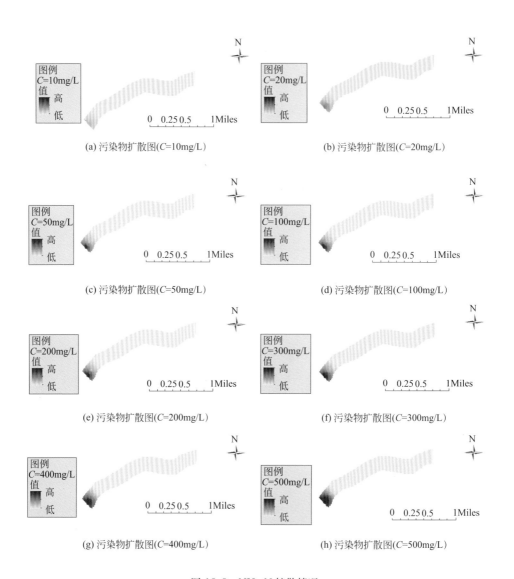

(a) 污染物扩散图(C=10mg/L)　　　　　　　(b) 污染物扩散图(C=20mg/L)

(c) 污染物扩散图(C=50mg/L)　　　　　　　(d) 污染物扩散图(C=100mg/L)

(e) 污染物扩散图(C=200mg/L)　　　　　　　(f) 污染物扩散图(C=300mg/L)

(g) 污染物扩散图(C=400mg/L)　　　　　　　(h) 污染物扩散图(C=500mg/L)

图 10-9　NH$_3$-N 扩散情况